我国近海海洋综合调查与评价专项成果
“十二五”国家重点图书出版规划项目

中国近海海洋图集
——沿海社会经济

国家海洋局　编

海洋出版社

2016年·北京

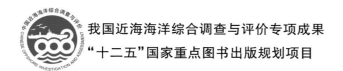

图书在版编目(CIP)数据

中国近海海洋图集.沿海社会经济/国家海洋局编.—北京:海洋出版社,2013.7
ISBN 978-7-5027-8386-0

Ⅰ.①中… Ⅱ.①国… Ⅲ.①沿海经济-经济发展-中国-图集 Ⅳ.①P722-64
②F127-64

中国版本图书馆 CIP 数据核字(2013)第 138590 号

审图号:GS(2015)2149 号

责任编辑:王 溪
责任印制:赵麟苏
海洋出版社 出版发行
http://www.oceanpress.com.cn
北京市海淀区大慧寺路 8 号 邮编:100081
中国人民解放军第四二一零工厂印刷 新华书店北京发行所经销
2016 年 12 月第 1 版 2016 年 12 月第 1 次印刷
开本:787mm×1092mm 1/8 印张:14
字数:210 千字 定价:280.00 元
发行部:010-62132549 邮购部:010-68038093 总编室:010-62114335

《中国近海海洋图集》

《中国近海海洋图集——沿海社会经济》

前 言

908专项

《中国近海海洋图集》

2003年，党中央、国务院批准实施“我国近海海洋综合调查与评价”专项（简称908专项），这是我国海洋事业发展史上一件具有里程碑意义的大事，受到各方高度重视。2004年3月，国家海洋局会同国家发展和改革委员会、财政部等部门正式组成专项领导小组，由此，拉开了新中国成立以来最大规模的我国近海海洋综合调查与评价的序幕。

20世纪，我国系列海洋综合调查和专题调查为海洋事业发展奠定了科学基础。50年代末开展的“全国海洋普查”，是新中国第一次比较全面的海洋综合调查；70年代末，“科学春天”到来的时候，海洋界提出了“查清中国海、进军三大洋、登上南极洲”的战略口号；80年代，我国开展了“全国海岸带和海涂资源综合调查”，“全国海岛资源综合调查”，“大洋多金属资源勘查”，登上了南极；90年代，开展了“我国专属经济区和大陆架勘测研究”和“全国第二次污染基线调查”等，为改革开放和新时代海洋经济建设提供了有力的科学支撑。

跨入21世纪，国家的经济社会发展进入了攻坚阶段。在党中央、国务院号召“实施海洋开发”的战略部署下，908专项任务得以全面实施，专项调查的范围包括我国内水、领海和领海以外部分管辖海域，其目的是要查清我国近海海洋基本状况，为国家决策服务，为经济建设服务，为海洋管理服务。本次调查的项目设置齐全，除了基础海洋学外，还涉及海岸带、海岛、灾害、能源、海水利用以及沿海经济与人文社会状况等的调查；调查采用的手段成熟先进，充分运用了我国已具备的多种高新技术调查手段，如卫星遥感、航空遥感、锚系浮标、潜标、船载声学探测系统、多波束勘测系统、地球物理勘测系统与双频定位系统相结合技术等。

908专项创造了我国海洋调查史上新的辉煌，是新中国成立以来规模最大、历时最长、涉及部门最广的一次综合性海洋调查。调查历经8年，涉及150多个调查单位，调查人员万余人次，动用大小船只500余艘，航次千余次，海上作业时间累计17 000多天，航程200多万千米，完成了水体调查面积102.5万平方千米，海底调查面积64万平方千米，海域海岛海岸带遥感调查面积151.9万平方千米，取得了实时、连续、大范围、高精度的物理海洋与海洋气象、海洋底质、海洋地球物理、海底地形地貌、海洋生物与生态、海洋化学、海洋光学特性与遥感、海岛海岸带遥感与实地调查等海量的基础数据；调查并统计了海域使用现状、沿海社会经济、海洋灾害、海水资源、海洋可再生能源等基本状况。

908专项谱写了中国海洋科技工作者认知海洋的新篇章。在充分利用908专项综合调查数据资料的基础上，编制完成了系列《中国近海海洋图集》。其中，按学科领域编制了11册图集，包括物理海洋与海洋气象、海洋生物与生态、海洋化学、海洋光学特性与遥感、海洋底质、海洋地球物理、海底地形地貌、海岛海岸带遥感、海域使用、沿海社会经济和海洋可再生能源等学科；按照沿海行政区域划分编制了11册图集，包括辽宁省、河北省、天津市、山东省、江苏省、上海市、浙江省、福建省、广东省、广西壮族自治区和海南省海岛海岸带图集（本次调查不含港澳台）。

系列《中国近海海洋图集》是908专项的重要成果之一，是广大海洋科技工作者辛勤劳作的结晶，是继20世纪90年代出版的《渤海、黄海、东海海洋图集》和21世纪出版的《南海海洋图集》之后又一海洋图集编制巨作。图集内容更加充实，制作更加精良，特别是首次编制的海洋光学特性与遥感、海岛海岸带遥感、海域使用、海洋可再生能源和沿海省（自治区、直辖市）海岛海岸带等图集，填补了我国近海综合性图集的空白，极大地增进了对我国近海海洋的认知，具有较强的科学性和实用性，它们将为我国海洋开发管理、海洋环境保护和沿海地区经济社会可持续发展等提供科学依据。

系列《中国近海海洋图集》是11个沿海省（自治区、直辖市）海洋与渔业厅（局）、国家海洋信息中心、国家海洋环境监测中心、国家卫星海洋应用中心、国家海洋技术中心、国家海洋局第一海洋研究所、国家海洋局第二海洋研究所、国家海洋局第三海洋研究所等牵头编制单位的共同努力和广大科技人员积极参与的成果，同时得到了相关部门、单位及其有关人员的大力支持，在此对他们一并表示衷心的感谢和敬意。图集不足之处，恳请斧正。

《中国近海海洋图集》编辑指导委员会

2012年4月

说明

一、图集内容

本图集绘制了沿海社会经济调查主要数据成果，分为沿海社会经济和海洋经济2个专题。其中沿海社会经济专题包括沿海地区生产总值、沿海地区生产总值三次产业结构、沿海地区年末人口变化3个子专题；海洋经济专题包括涉海企业分布、海洋渔业、海洋工程建筑项目、沿海港口分布、滨海旅游、海洋自然资源保护区、涉海管理机构和海洋专业学校等8个子专题。图集共包括27类、99幅图。

二、使用资料

本图集主要以“我国近海海洋综合调查与评价”专项沿海社会经济调查的资料为主，全面收集辽宁、河北、天津、山东、江苏、上海、浙江、福建、广东、广西、海南11个沿海地区的调查数据与成果，分沿海社会经济和海洋经济2个专题、11个子专题进行整理集成。

三、资料处理与图集编汇

本图集的编汇根据《沿海地区社会经济基本情况调查技术规程》和《我国近海海洋综合调查要素分类代码和图示图例规程》的规定，结合沿海社会经济、海洋经济数据的特点，对绘制要素的分级进行了约定，从国家层面和区域层面进行了分幅，力求使图集做到突出全局与展示细节兼顾，更好地服务于海洋管理与决策。

四、整编单位

本图集由国家海洋信息中心负责整编。

《中国近海海洋图集
——沿海社会经济》
专业编辑委员会
2012年4月

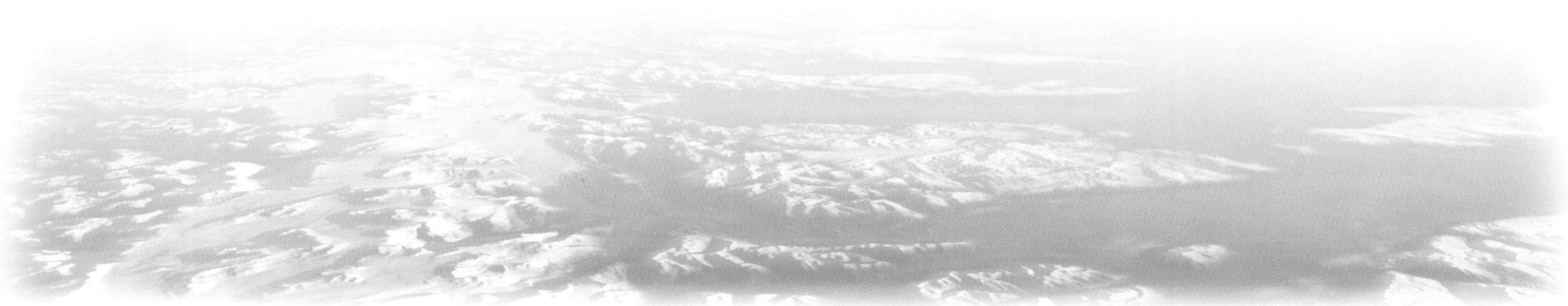

目录

中国近海海洋图集
——沿海社会经济

中国近海海洋图集
——沿海社会经济

沿海地区生产总值情况图

2006年

序号	地区名称	地区生产总值（亿元）
1	辽宁省	9 257.05
2	河北省	11 660.43
3	天津市	4 359.15
4	山东省	22 077.36
5	江苏省	21 645.08
6	上海市	10 366.37
7	浙江省	15 742.51
8	福建省	7 614.55
9	广东省	26 204.47
10	广西壮族自治区	4 828.50
11	海南省	1 052.85
12	香港特别行政区	资料空缺
13	澳门特别行政区	资料空缺
14	台湾省	资料空缺

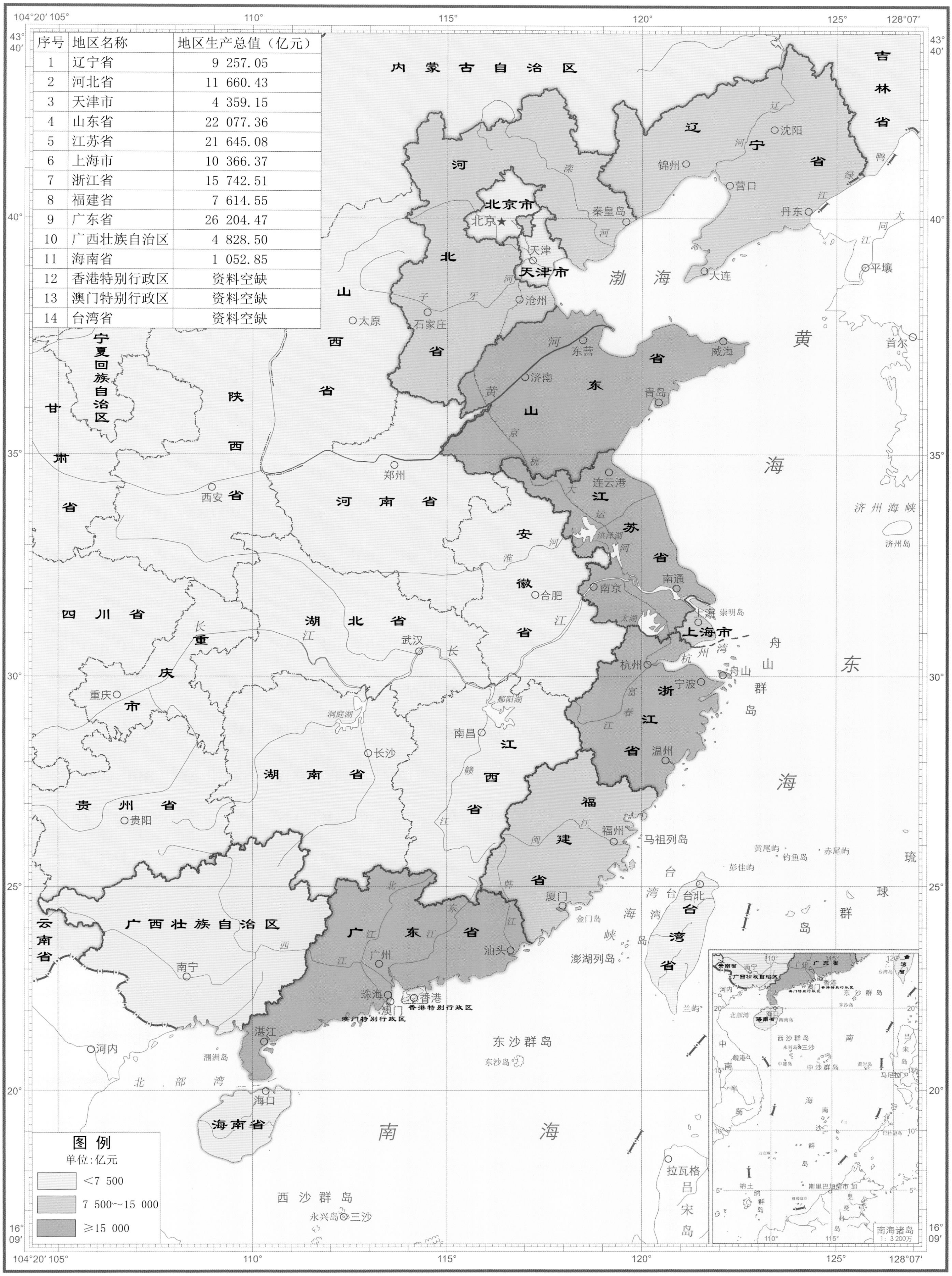

1：10 000 000（墨卡托投影 基准纬线30°）

沿海城市生产总值情况图

2006年

辽宁省、河北省、天津市、山东省

序号	地区名称	地区生产总值（亿元）
1	丹东市	385.43
2	大连市	2 569.67
3	营口市	457.69
4	盘锦市	509.15
5	锦州市	463.24
6	葫芦岛市	348.10
7	秦皇岛市	551.47
8	唐山市	2 362.14
9	沧州市	1 281.67
10	滨州市	829.02
11	东营市	1 450.31
12	潍坊市	1 720.88
13	烟台市	2 445.75
14	威海市	1 368.53
15	青岛市	3 206.58
16	日照市	505.87

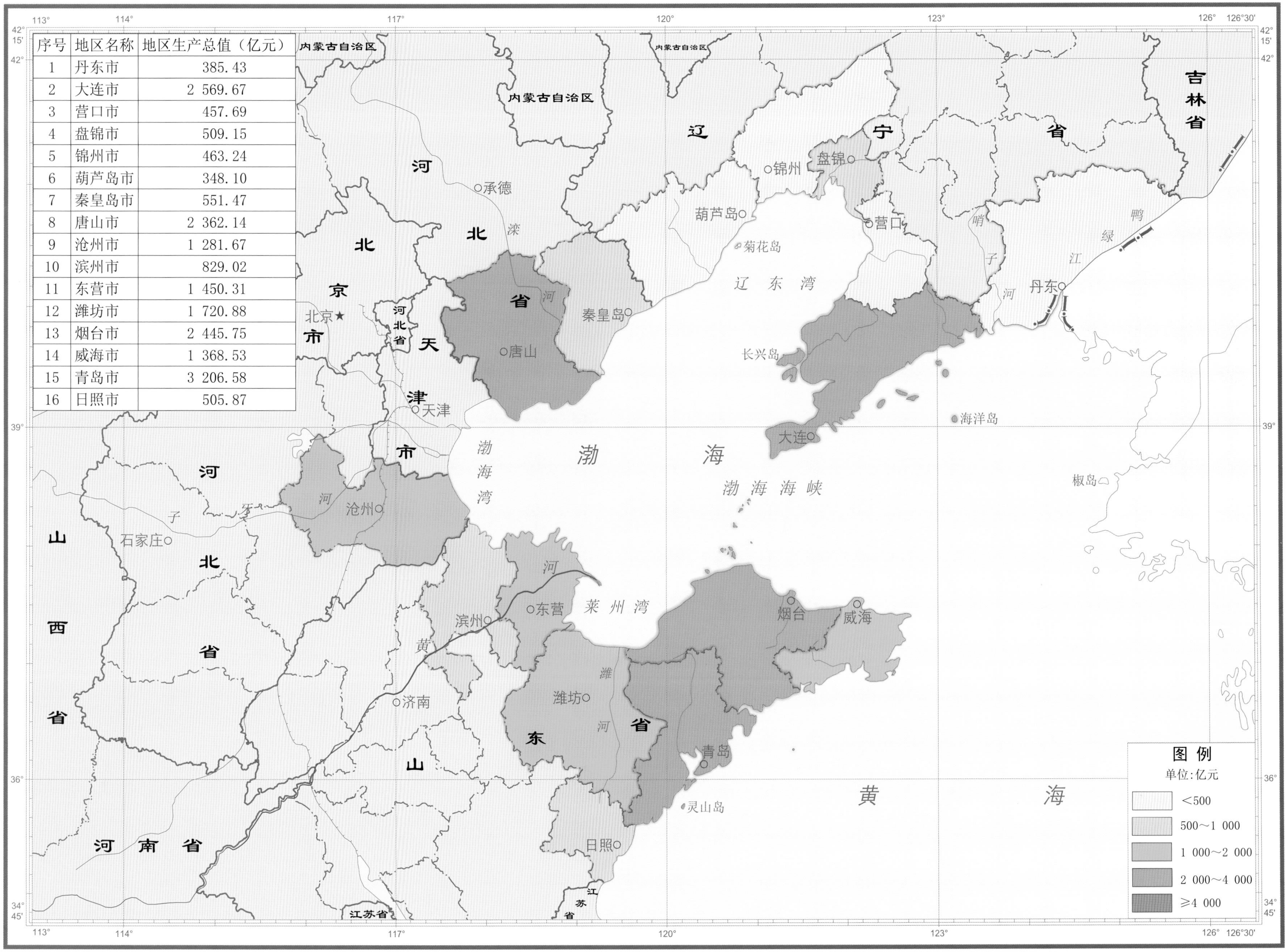

内蒙古自治区
吉林省
辽宁省
河北省
北京市
天津市
山东省
山西省
河南省
江苏省
北京
天津
承德
唐山
秦皇岛
沧州
石家庄
葫芦岛
锦州
盘锦
营口
丹东
大连
长兴岛
菊花岛
海洋岛
椒岛
滨州
东营
济南
潍坊
烟台
威海
青岛
日照
灵山岛
辽东湾
渤海
渤海湾
渤海海峡
莱州湾
黄海
鸭绿江
哨子河
滦河
黄河
潍河
子牙河
图例
单位:亿元
<500
500～1 000
1 000～2 000
2 000～4 000
≥4 000

1：4 000 000 （墨卡托投影 基准纬线38°）

沿海城市生产总值情况图

2006年

江苏省、上海市、浙江省、福建省

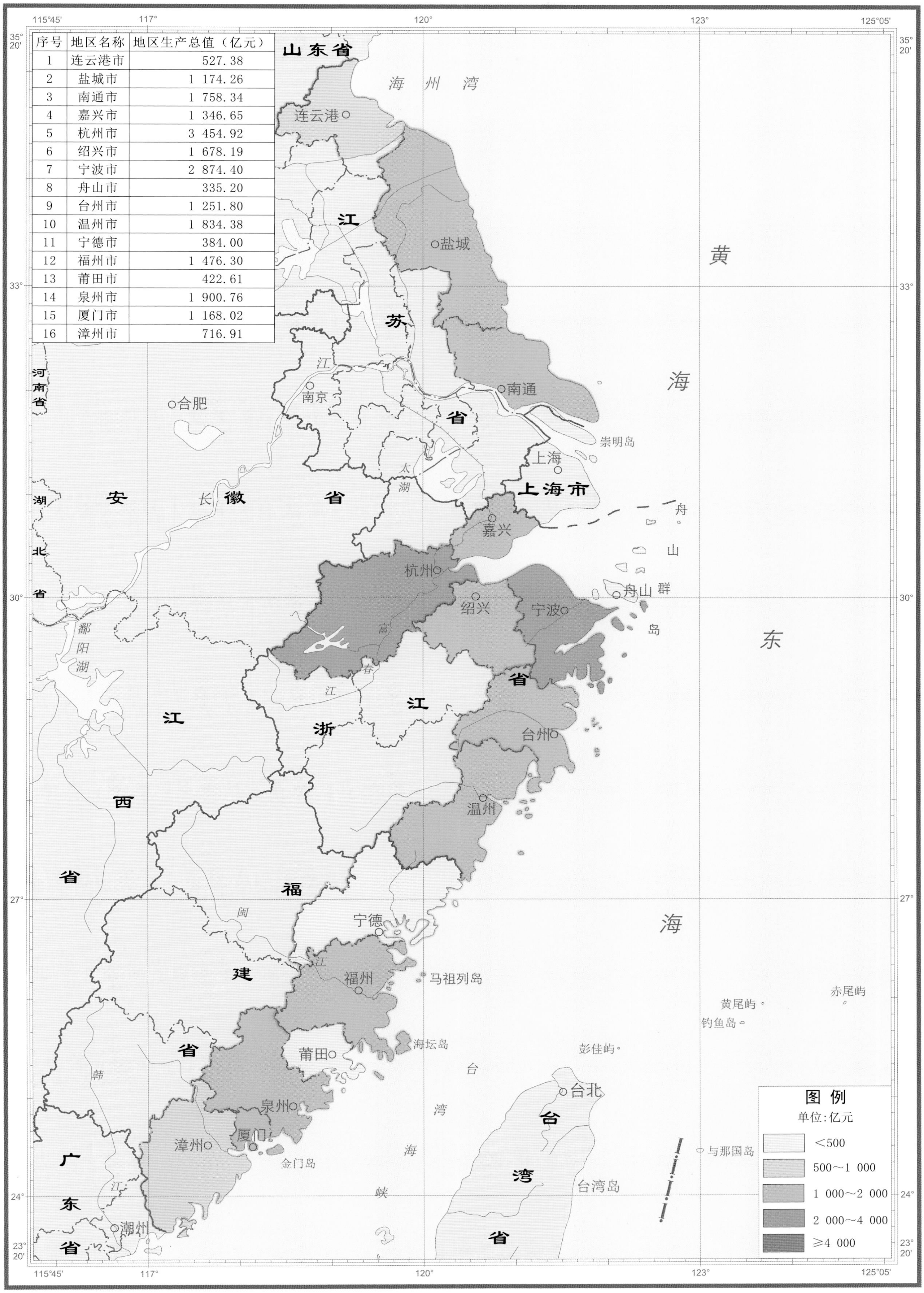
115°45'
117°
120°
123°
125°05'
35° 20'
33°
30°
27°
24°
23° 20'
山东省
海州湾
连云港
盐城
江
苏
省
南京
南通
河南省
合肥
安
徽
省
长
江
太湖
崇明岛
上海
上海市
舟山群岛
嘉兴
杭州
绍兴
宁波
舟山
湖北省
鄱阳湖
富春江
浙
江
省
台州
温州
江
西
省
福
建
省
闽江
宁德
福州
马祖列岛
海坛岛
莆田
泉州
厦门
金门岛
漳州
韩江
广
东
省
潮州
黄
海
东
海
黄尾屿
赤尾屿
钓鱼岛
彭佳屿
台
湾
海
峡
台北
台
湾
省
台湾岛
与那国岛
图例
单位:亿元
＜500
500～1 000
1 000～2 000
2 000～4 000
≥4 000

序号	地区名称	地区生产总值（亿元）
1	连云港市	527.38
2	盐城市	1 174.26
3	南通市	1 758.34
4	嘉兴市	1 346.65
5	杭州市	3 454.92
6	绍兴市	1 678.19
7	宁波市	2 874.40
8	舟山市	335.20
9	台州市	1 251.80
10	温州市	1 834.38
11	宁德市	384.00
12	福州市	1 476.30
13	莆田市	422.61
14	泉州市	1 900.76
15	厦门市	1 168.02
16	漳州市	716.91

1∶4 000 000（墨卡托投影 基准纬线30°）

沿海城市生产总值情况图

2006年

广东省、广西壮族自治区、海南省

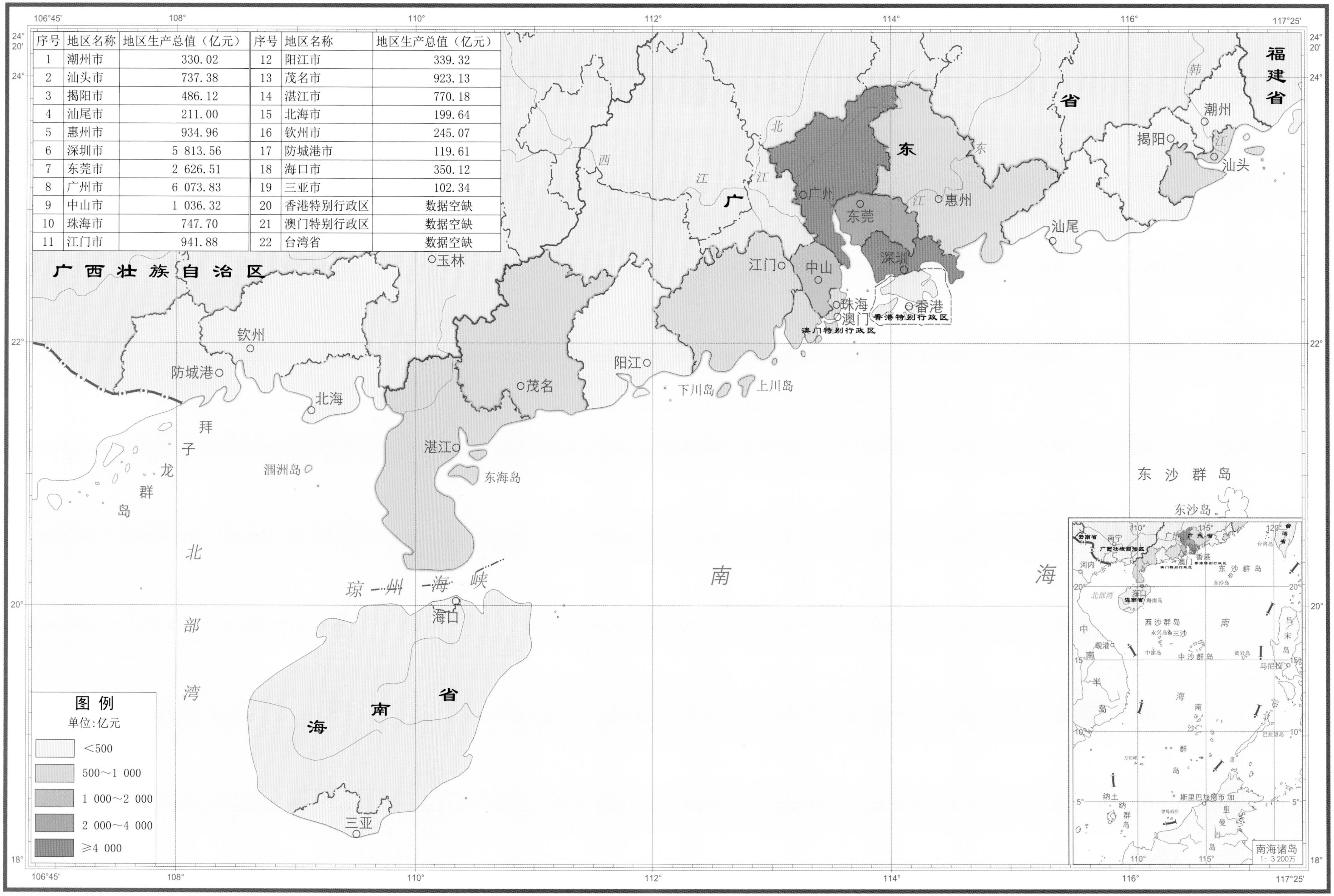

广西壮族自治区
广东省
福建省
海南省
潮州
汕头
揭阳
汕尾
惠州
东莞
深圳
广州
中山
珠海
澳门
澳门特别行政区
香港
香港特别行政区
江门
阳江
茂名
湛江
玉林
钦州
防城港
北海
海口
三亚
上川岛
下川岛
东海岛
涠洲岛
拜子龙群岛
东沙群岛
东沙岛
北部湾
琼州海峡
南海
图例
单位:亿元
<500
500~1 000
1 000~2 000
2 000~4 000
≥4 000
南海诸岛
1:3 200万

序号	地区名称	地区生产总值（亿元）	序号	地区名称	地区生产总值（亿元）
1	潮州市	330.02	12	阳江市	339.32
2	汕头市	737.38	13	茂名市	923.13
3	揭阳市	486.12	14	湛江市	770.18
4	汕尾市	211.00	15	北海市	199.64
5	惠州市	934.96	16	钦州市	245.07
6	深圳市	5 813.56	17	防城港市	119.61
7	东莞市	2 626.51	18	海口市	350.12
8	广州市	6 073.83	19	三亚市	102.34
9	中山市	1 036.32	20	香港特别行政区	数据空缺
10	珠海市	747.70	21	澳门特别行政区	数据空缺
11	江门市	941.88	22	台湾省	数据空缺

1∶3 500 000（墨卡托投影 基准纬线21°）

沿海地区生产总值三次产业结构图

2006年

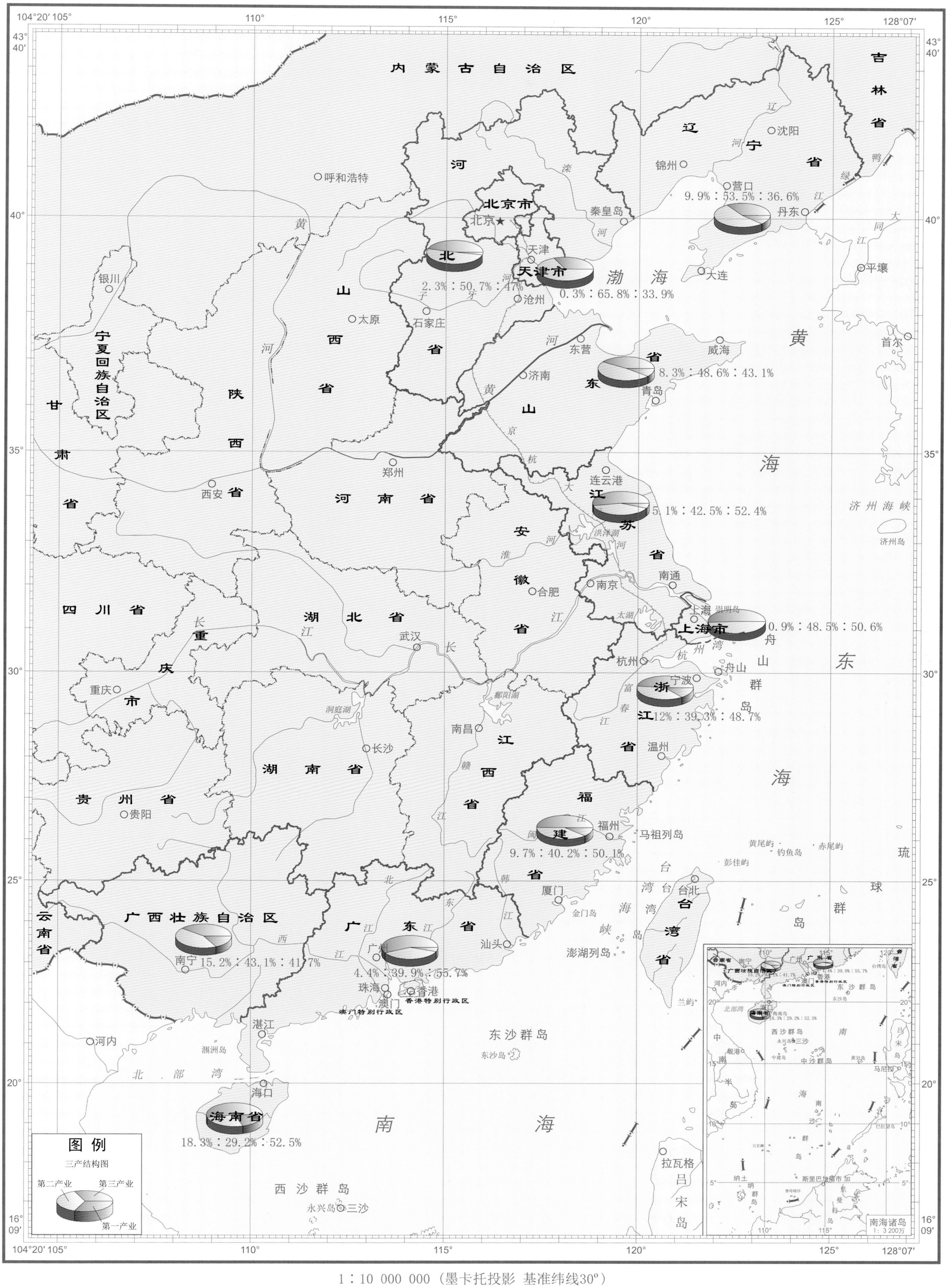

1：10 000 000（墨卡托投影 基准纬线30°）

沿海城市生产总值三次产业结构图

2006年　　辽宁省、河北省、天津市、山东省

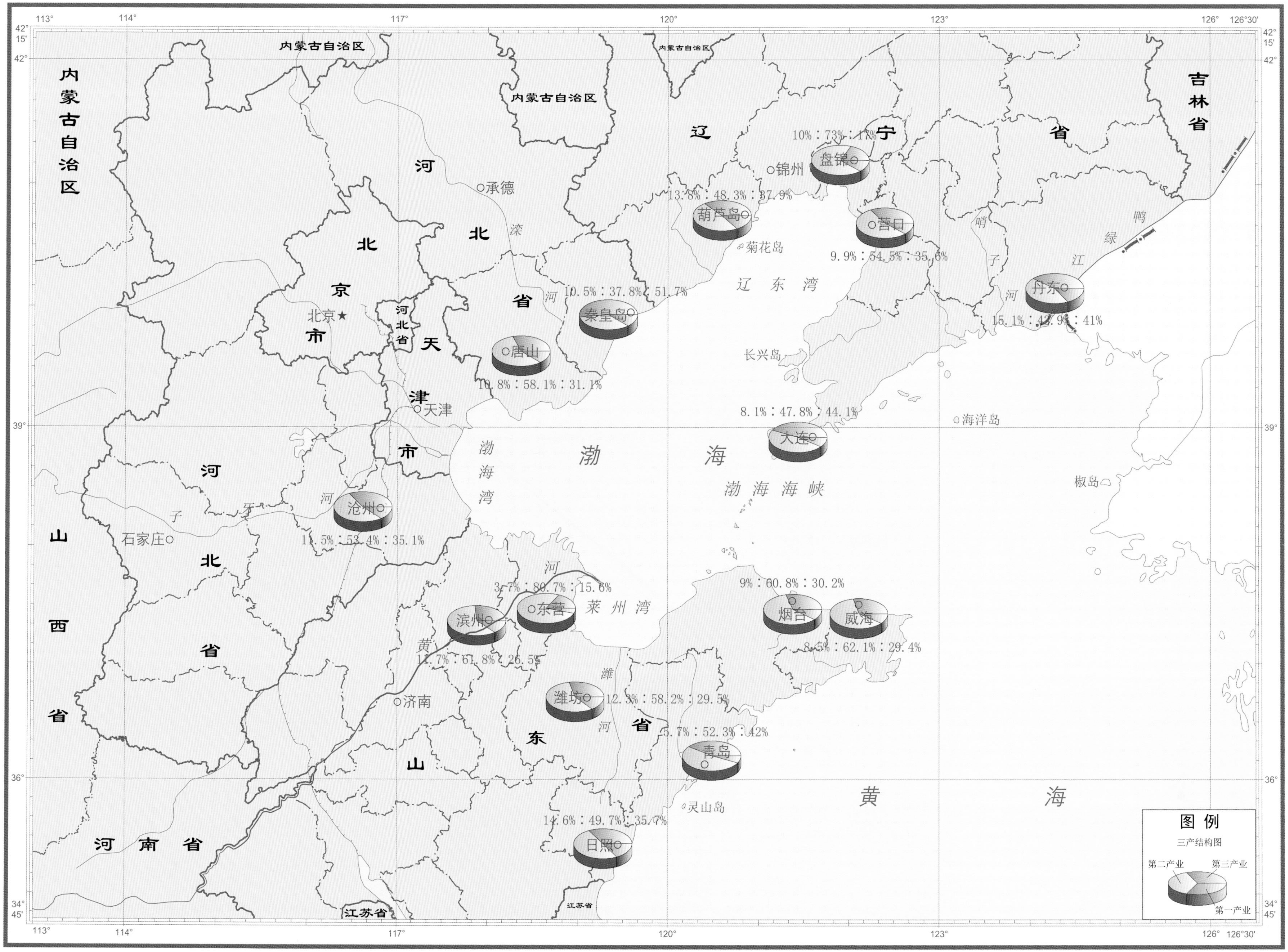
内蒙古自治区
吉林省
辽宁省
河北省
北京市
北京
天津市
天津
河北省
山西省
河南省
山东省
江苏省
承德
石家庄
济南
锦州
菊花岛
长兴岛
海洋岛
椒岛
灵山岛
盘锦 10%：73%：17%
葫芦岛 13.8%：48.3%：37.9%
营口 9.9%：54.5%：35.6%
丹东 15.1%：43.9%：41%
秦皇岛 10.5%：37.8%：51.7%
唐山 10.8%：58.1%：31.1%
大连 8.1%：47.8%：44.1%
沧州 11.5%：53.4%：35.1%
东营 3.7%：80.7%：15.6%
滨州 11.7%：61.8%：26.5%
烟台 9%：60.8%：30.2%
威海 8.5%：62.1%：29.4%
潍坊 12.3%：58.2%：29.5%
青岛 5.7%：52.3%：42%
日照 14.6%：49.7%：35.7%
辽东湾
渤海
渤海湾
渤海海峡
莱州湾
黄海
鸭绿江
哨子河
滦河
子牙河
黄河
潍河
图例
三产结构图
第一产业
第二产业
第三产业

1：4 000 000 （墨卡托投影 基准纬线38°）

沿海城市生产总值三次产业结构图

2006年

江苏省、上海市、浙江省、福建省

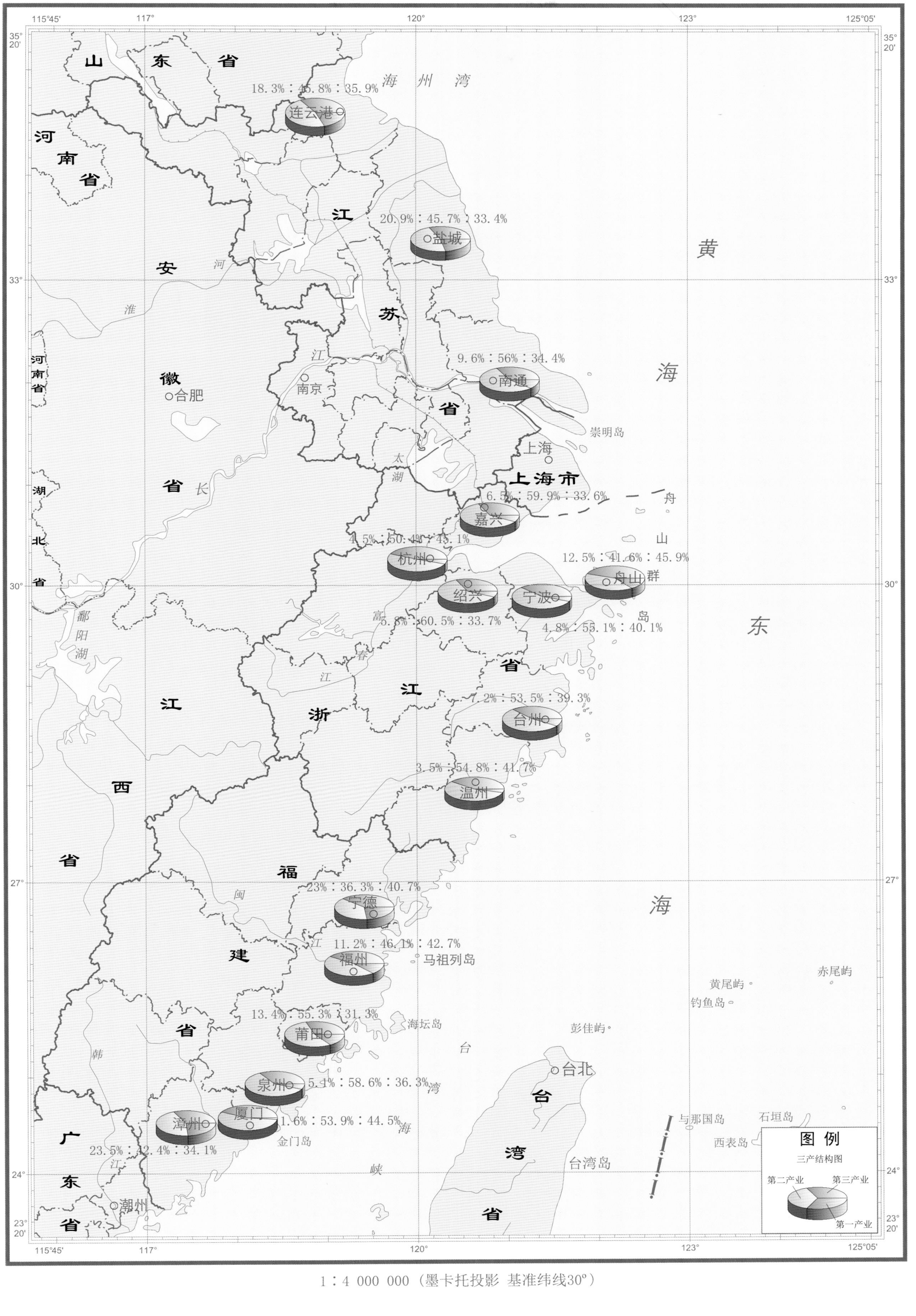

1：4 000 000（墨卡托投影 基准纬线30°）

沿海城市生产总值三次产业结构图

2006年

广东省、广西壮族自治区、海南省

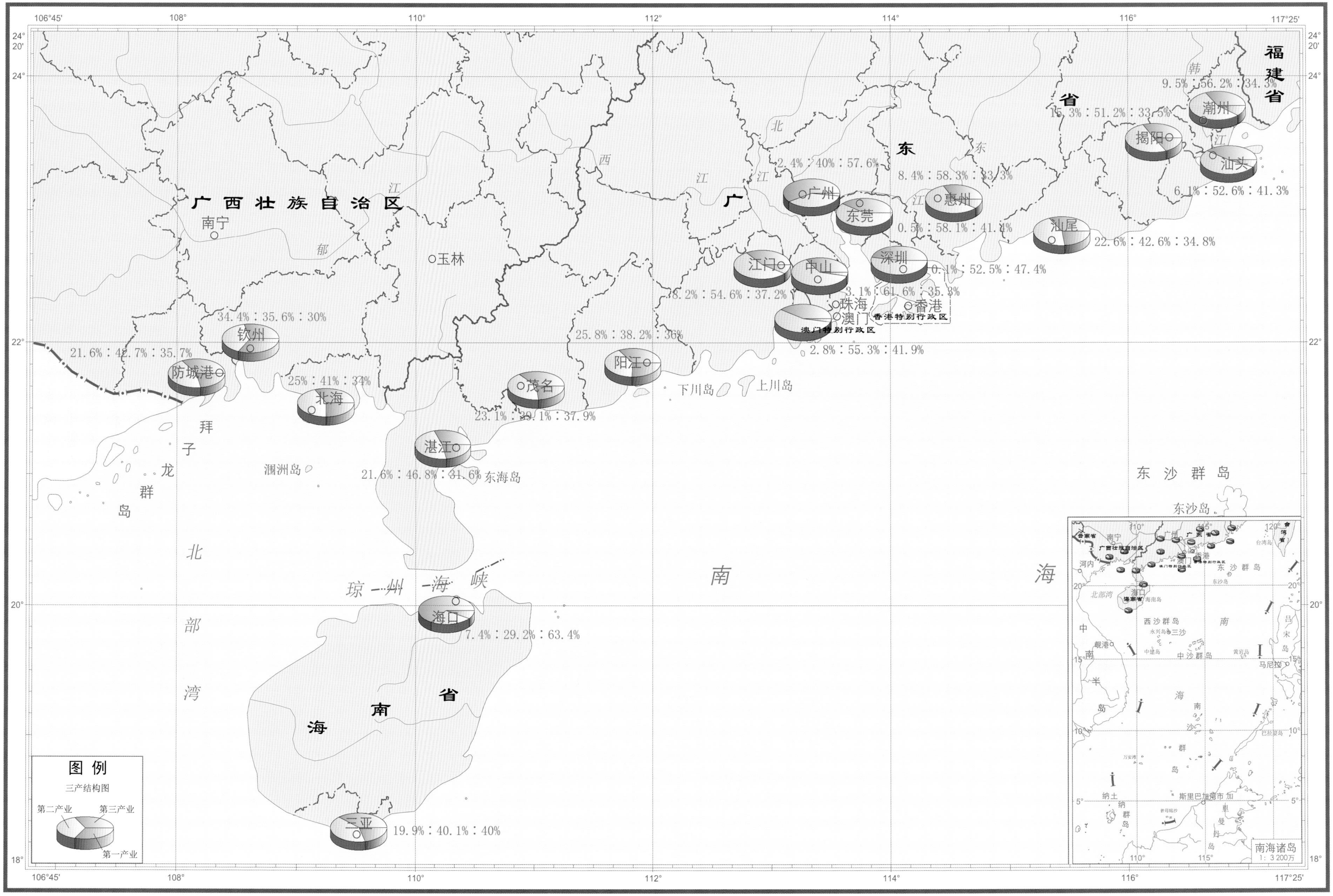

福建省
广东省
广西壮族自治区
海南省
潮州 9.5%：56.2%：34.3%
揭阳 15.3%：51.2%：33.5%
汕头 6.1%：52.6%：41.3%
汕尾 22.6%：42.6%：34.8%
惠州 8.4%：58.3%：33.3%
广州 2.4%：40%：57.6%
东莞 0.5%：58.1%：41.4%
深圳 0.1%：52.5%：47.4%
江门 8.2%：54.6%：37.2%
中山 3.1%：61.6%：35.3%
珠海 2.8%：55.3%：41.9%
澳门
澳门特别行政区
香港
香港特别行政区
阳江 25.8%：38.2%：36%
茂名 23.1%：39.1%：37.9%
湛江 21.6%：46.8%：31.6%
钦州 34.4%：35.6%：30%
防城港 21.6%：42.7%：35.7%
北海 25%：41%：34%
海口 7.4%：29.2%：63.4%
三亚 19.9%：40.1%：40%
南宁
玉林
下川岛
上川岛
东海岛
涠洲岛
拜子龙群岛
东沙群岛
东沙岛
北部湾
琼州海峡
南海
北江
西江
东江
韩江
郁江
图例
三产结构图
第二产业
第三产业
第一产业
南海诸岛
1：3 200万

1：3 500 000（墨卡托投影 基准纬线21°）

沿海地区年末人口变化图

1985—2006年

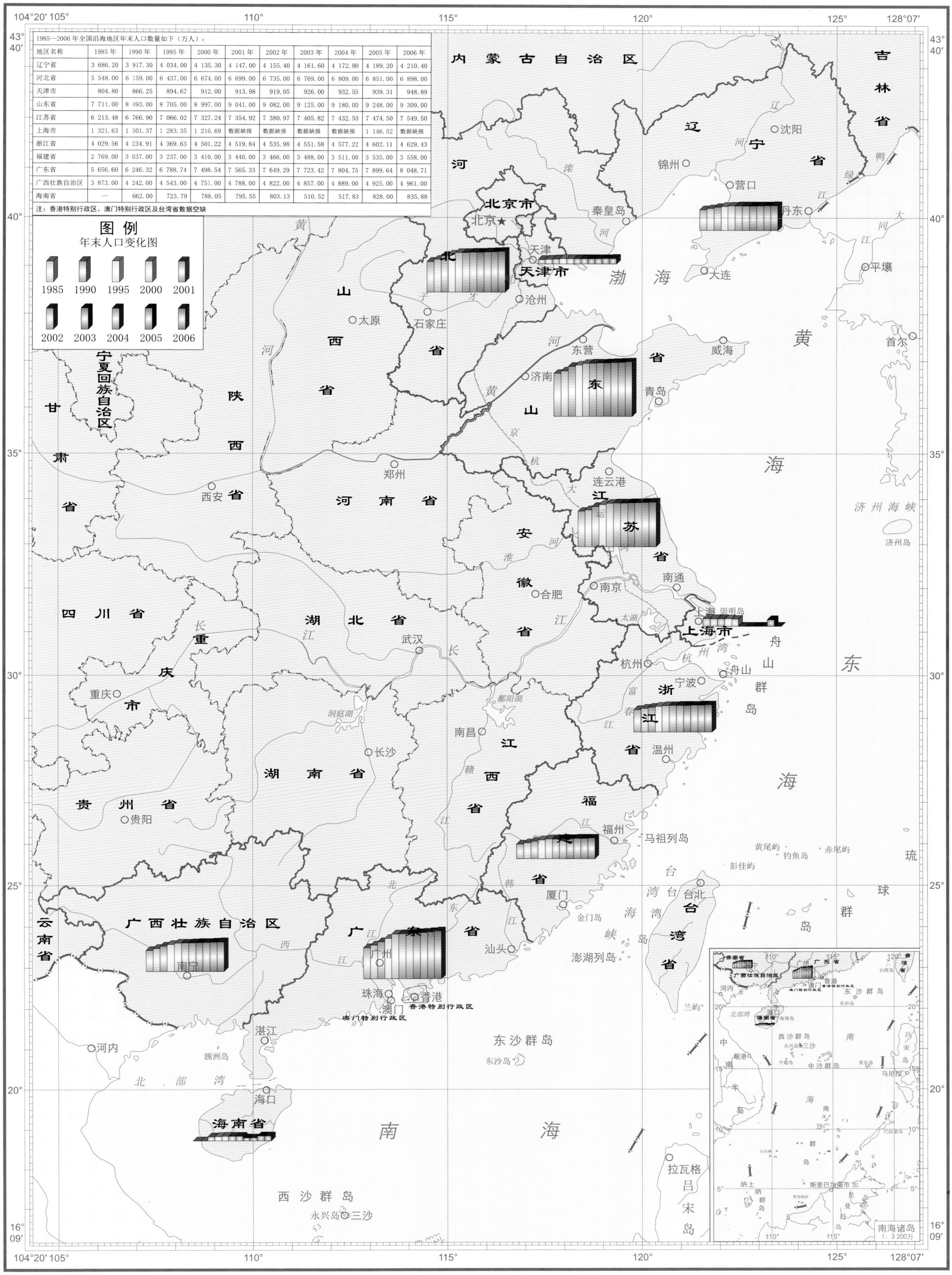
图例
年末人口变化图
1985
1990
1995
2000
2001
2002
2003
2004
2005
2006
内蒙古自治区
吉林省
辽宁省
河北省
北京市
北京
天津市
天津
山西省
陕西省
宁夏回族自治区
甘肃省
山东省
河南省
江苏省
安徽省
上海市
浙江省
湖北省
四川省
重庆市
湖南省
江西省
福建省
贵州省
广西壮族自治区
广东省
云南省
海南省
台湾省
香港特别行政区
澳门特别行政区
沈阳
锦州
营口
丹东
大连
秦皇岛
沧州
石家庄
太原
济南
东营
威海
青岛
郑州
西安
连云港
南通
南京
合肥
武汉
重庆
杭州
宁波
舟山
温州
南昌
长沙
贵阳
福州
厦门
汕头
广州
南宁
珠海
湛江
海口
河内
平壤
首尔
济州岛
渤海
黄海
东海
南海
北部湾
台湾海峡
济州海峡
舟山群岛
马祖列岛
金门岛
澎湖列岛
钓鱼岛
赤尾屿
黄尾屿
彭佳屿
兰屿
东沙群岛
东沙岛
西沙群岛
永兴岛
三沙
涠洲岛
琉球群岛
拉瓦格
吕宋岛
南海诸岛
1∶3 200万
104°20′ 105°
110°
115°
120°
125°
128°07′
43° 40′
40°
35°
30°
25°
20°
16° 09′

1985—2006 年全国沿海地区年末人口数量如下（万人）：

地区名称	1985 年	1990 年	1995 年	2000 年	2001 年	2002 年	2003 年	2004 年	2005 年	2006 年
辽宁省	3 686.20	3 917.30	4 034.00	4 135.30	4 147.00	4 155.40	4 161.60	4 172.80	4 189.20	4 210.40
河北省	5 548.00	6 159.00	6 437.00	6 674.00	6 699.00	6 735.00	6 769.00	6 809.00	6 851.00	6 898.00
天津市	804.80	866.25	894.67	912.00	913.98	919.05	926.00	932.55	939.31	948.89
山东省	7 711.00	8 493.00	8 705.00	8 997.00	9 041.00	9 082.00	9 125.00	9 180.00	9 248.00	9 309.00
江苏省	6 213.48	6 766.90	7 066.02	7 327.24	7 354.92	7 380.97	7 405.82	7 432.50	7 474.50	7 549.50
上海市	1 321.63	1 301.37	1 283.35	1 216.69	数据缺报	数据缺报	数据缺报	数据缺报	1 146.52	数据缺报
浙江省	4 029.56	4 234.91	4 369.63	4 501.22	4 519.84	4 535.98	4 551.58	4 577.22	4 602.11	4 629.43
福建省	2 769.00	3 037.00	3 237.00	3 410.00	3 440.00	3 466.00	3 488.00	3 511.00	3 535.00	3 558.00
广东省	5 656.60	6 246.32	6 788.74	7 498.54	7 565.33	7 649.29	7 723.42	7 804.75	7 899.64	8 048.71
广西壮族自治区	3 873.00	4 242.00	4 543.00	4 751.00	4 788.00	4 822.00	4 857.00	4 889.00	4 925.00	4 961.00
海南省	—	662.00	723.79	788.05	795.55	803.13	510.52	517.83	828.00	835.88

注：香港特别行政区、澳门特别行政区及台湾省数据空缺

1∶10 000 000（墨卡托投影 基准纬线30°）

沿海城市年末人口变化图

1985—2006年

辽宁省、河北省、天津市、山东省

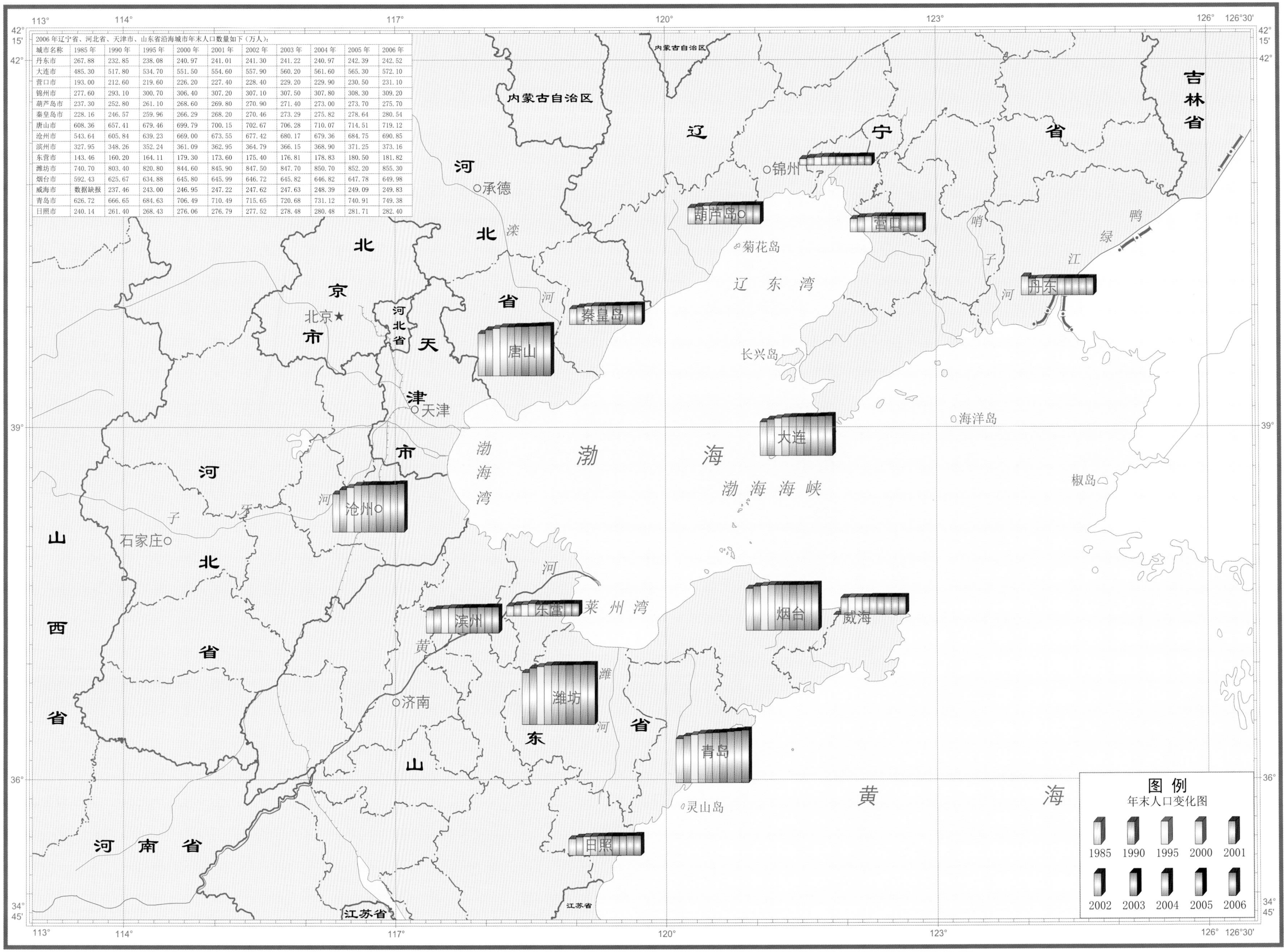

内蒙古自治区
辽
宁
省
吉林省
河
北
省
北京市
北京
天津市
天津
承德
石家庄
山西省
河南省
山东省
济南
江苏省
锦州
葫芦岛
营口
丹东
秦皇岛
唐山
沧州
大连
滨州
东营
潍坊
烟台
威海
青岛
日照
菊花岛
长兴岛
海洋岛
椒岛
灵山岛
辽东湾
渤海
渤海湾
渤海海峡
莱州湾
黄海
鸭绿江
哨子河
滦河
黄河
潍河
图例
年末人口变化图
1985
1990
1995
2000
2001
2002
2003
2004
2005
2006

2006年辽宁省、河北省、天津市、山东省沿海城市年末人口数量如下（万人）：

城市名称	1985年	1990年	1995年	2000年	2001年	2002年	2003年	2004年	2005年	2006年
丹东市	267.88	232.85	238.08	240.97	241.01	241.30	241.22	240.97	242.39	242.52
大连市	485.30	517.80	534.70	551.50	554.60	557.90	560.20	561.60	565.30	572.10
营口市	193.00	212.60	219.60	226.20	227.40	228.40	229.20	229.90	230.50	231.10
锦州市	277.60	293.10	300.70	306.40	307.20	307.10	307.50	307.80	308.30	309.20
葫芦岛市	237.30	252.80	261.10	268.60	269.80	270.90	271.40	273.00	273.70	275.70
秦皇岛市	228.16	246.57	259.96	266.29	268.20	270.46	273.29	275.82	278.64	280.54
唐山市	608.36	657.41	679.46	699.79	700.15	702.67	706.28	710.07	714.51	719.12
沧州市	543.64	605.84	639.23	669.00	673.55	677.42	680.17	679.36	684.75	690.85
滨州市	327.95	348.26	352.24	361.09	362.95	364.79	366.15	368.90	371.25	373.16
东营市	143.46	160.20	164.11	179.30	173.60	175.40	176.81	178.83	180.50	181.82
潍坊市	740.70	803.40	820.80	844.60	845.90	847.50	847.70	850.70	852.20	855.30
烟台市	592.43	625.67	634.88	645.80	645.99	646.72	645.82	646.82	647.78	649.98
威海市	数据缺报	237.46	243.00	246.95	247.22	247.62	247.63	248.39	249.09	249.83
青岛市	626.72	666.65	684.63	706.49	710.49	715.65	720.68	731.12	740.91	749.38
日照市	240.14	261.40	268.43	276.06	276.79	277.52	278.48	280.48	281.71	282.40

1：4 000 000 （墨卡托投影 基准纬线38°）

沿海城市年末人口变化图

1985—2006年

江苏省、上海市、浙江省、福建省

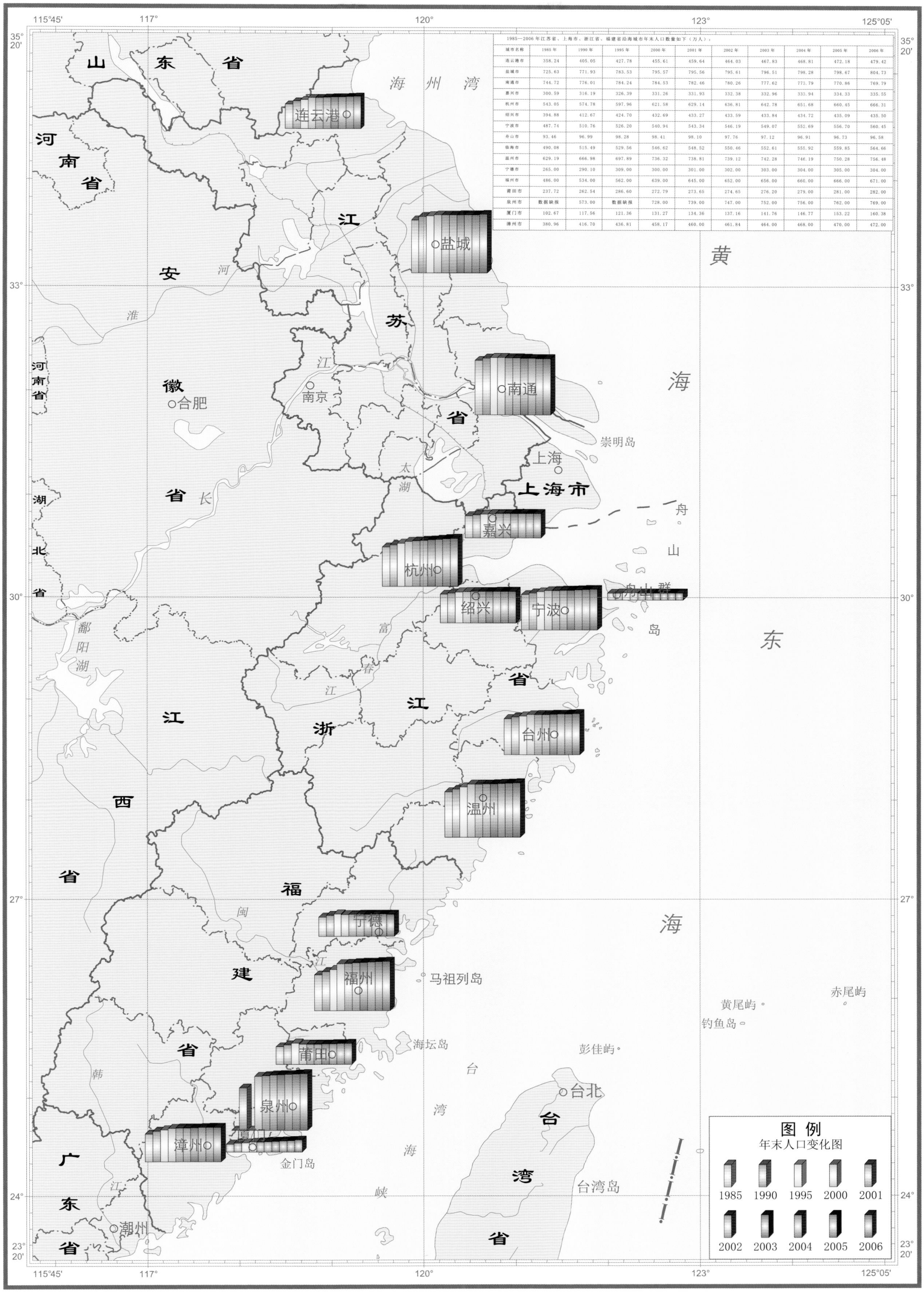

1985—2006年江苏省、上海市、浙江省、福建省沿海城市年末人口数量如下（万人）：

城市名称	1985年	1990年	1995年	2000年	2001年	2002年	2003年	2004年	2005年	2006年
连云港市	358.24	405.05	427.78	455.61	459.64	464.03	467.83	468.81	472.18	479.42
盐城市	725.63	771.93	783.53	795.57	795.56	795.61	796.51	798.28	798.67	804.73
南通市	744.72	776.01	784.24	784.53	782.46	780.26	777.62	773.79	770.86	769.79
嘉兴市	300.59	316.19	326.39	331.26	331.93	332.38	332.96	333.94	334.33	335.55
杭州市	543.05	574.78	597.96	621.58	629.14	636.81	642.78	651.68	660.45	666.31
绍兴市	394.88	412.67	424.70	432.69	433.27	433.59	433.84	434.72	435.09	435.50
宁波市	487.74	510.76	526.20	540.94	543.34	546.19	549.07	552.69	556.70	560.45
舟山市	93.46	96.99	98.28	98.41	98.10	97.76	97.12	96.91	96.73	96.58
临海市	490.08	515.49	529.56	546.62	548.52	550.46	552.61	555.92	559.85	564.66
温州市	629.19	666.98	697.89	736.32	738.81	739.12	742.28	746.19	750.28	756.48
宁德市	265.00	290.10	309.00	300.00	301.00	302.00	303.00	304.00	305.00	304.00
福州市	486.00	534.00	562.00	639.00	645.00	652.00	656.00	660.00	666.00	671.00
莆田市	237.72	262.54	286.60	272.79	273.65	274.65	276.20	279.00	281.00	282.00
泉州市	数据缺报	573.00	数据缺报	728.00	739.00	747.00	752.00	756.00	762.00	769.00
厦门市	102.67	117.56	121.36	131.27	134.36	137.16	141.76	146.77	153.22	160.38
漳州市	380.96	416.70	436.81	458.17	460.00	461.84	464.00	468.00	470.00	472.00

1：4 000 000（墨卡托投影 基准纬线30°）

沿海城市年末人口变化图

1985—2006年

广东省、广西壮族自治区、海南省

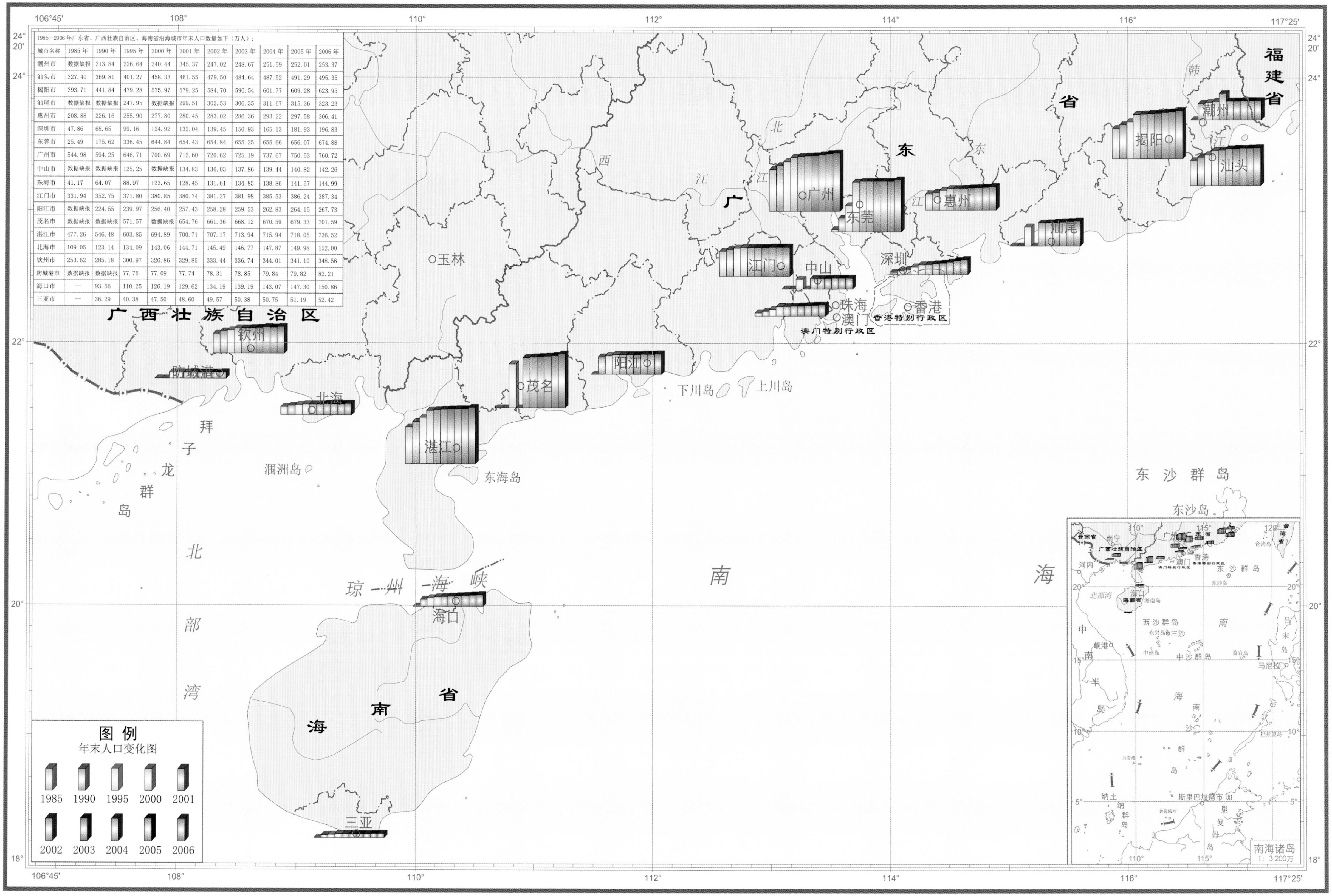
福建省
广东省
广西壮族自治区
海南省
潮州
汕头
揭阳
汕尾
惠州
深圳
香港
香港特别行政区
东莞
广州
珠海
澳门
澳门特别行政区
中山
江门
阳江
茂名
湛江
海口
三亚
北海
钦州
防城港
玉林
上川岛
下川岛
东海岛
涠洲岛
拜子龙群岛
北部湾
琼州海峡
南海
东沙群岛
东沙岛
图例
年末人口变化图
1985
1990
1995
2000
2001
2002
2003
2004
2005
2006
南海诸岛
1：3 200万

1985—2006年广东省、广西壮族自治区、海南省沿海城市年末人口数量如下（万人）：

城市名称	1985 年	1990 年	1995 年	2000 年	2001 年	2002 年	2003 年	2004 年	2005 年	2006 年
潮州市	数据缺报	213.84	226.64	240.44	345.37	247.02	248.67	251.59	252.01	253.37
汕头市	327.40	369.81	401.27	458.33	461.55	479.50	484.64	487.52	491.29	495.35
揭阳市	393.71	441.84	479.28	575.97	579.25	584.70	590.54	601.77	609.28	623.95
汕尾市	数据缺报	数据缺报	247.95	数据缺报	299.51	302.53	306.35	311.67	315.36	323.23
惠州市	208.88	226.16	255.90	277.80	280.45	283.02	286.36	293.22	297.58	306.41
深圳市	47.86	68.65	99.16	124.92	132.04	139.45	150.93	165.13	181.93	196.83
东莞市	25.49	175.62	336.45	644.84	654.43	654.84	655.25	655.66	656.07	674.88
广州市	544.98	594.25	646.71	700.69	712.60	720.62	725.19	737.67	750.53	760.72
中山市	数据缺报	数据缺报	125.25	数据缺报	134.83	136.03	137.86	139.44	140.82	142.26
珠海市	41.17	64.07	88.97	123.65	128.45	131.61	134.85	138.86	141.57	144.99
江门市	331.94	352.75	371.80	380.85	380.74	381.27	381.98	385.53	386.24	387.34
阳江市	数据缺报	224.55	239.97	256.40	257.43	258.28	259.53	262.83	264.15	267.73
茂名市	数据缺报	数据缺报	571.57	数据缺报	654.76	661.36	668.12	670.59	679.33	701.59
湛江市	477.26	546.48	603.85	694.89	700.71	707.17	713.94	715.94	718.05	736.52
北海市	109.05	123.14	134.09	143.06	144.71	145.49	146.77	147.87	149.98	152.00
钦州市	253.62	285.18	300.97	326.86	329.85	333.44	336.74	344.01	341.10	348.56
防城港市	数据缺报	数据缺报	77.75	77.09	77.74	78.31	78.85	79.84	79.82	82.21
海口市	—	93.56	110.25	126.19	129.62	134.19	139.19	143.07	147.30	150.86
三亚市	—	36.29	40.38	47.50	48.60	49.57	50.38	50.75	51.19	52.42

1：3 500 000（墨卡托投影 基准纬线21°）

沿海地区涉海管理机构密集程度情况图

2006年

序号	地区名称	涉海管理机构（个）
1	辽宁省	24
2	河北省	60
3	天津市	7
4	山东省	104
5	江苏省	69
6	上海市	31
7	浙江省	200
8	福建省	5
9	广东省	76
10	广西壮族自治区	11
11	海南省	75
12	香港特别行政区	数据空缺
13	澳门特别行政区	数据空缺
14	台湾省	数据空缺

注：数据来源于沿海地方调查数据，因为存在沿海地区对涉海管理机构的范围与层级界定标准不一致的问题，所以图件仅供参考。

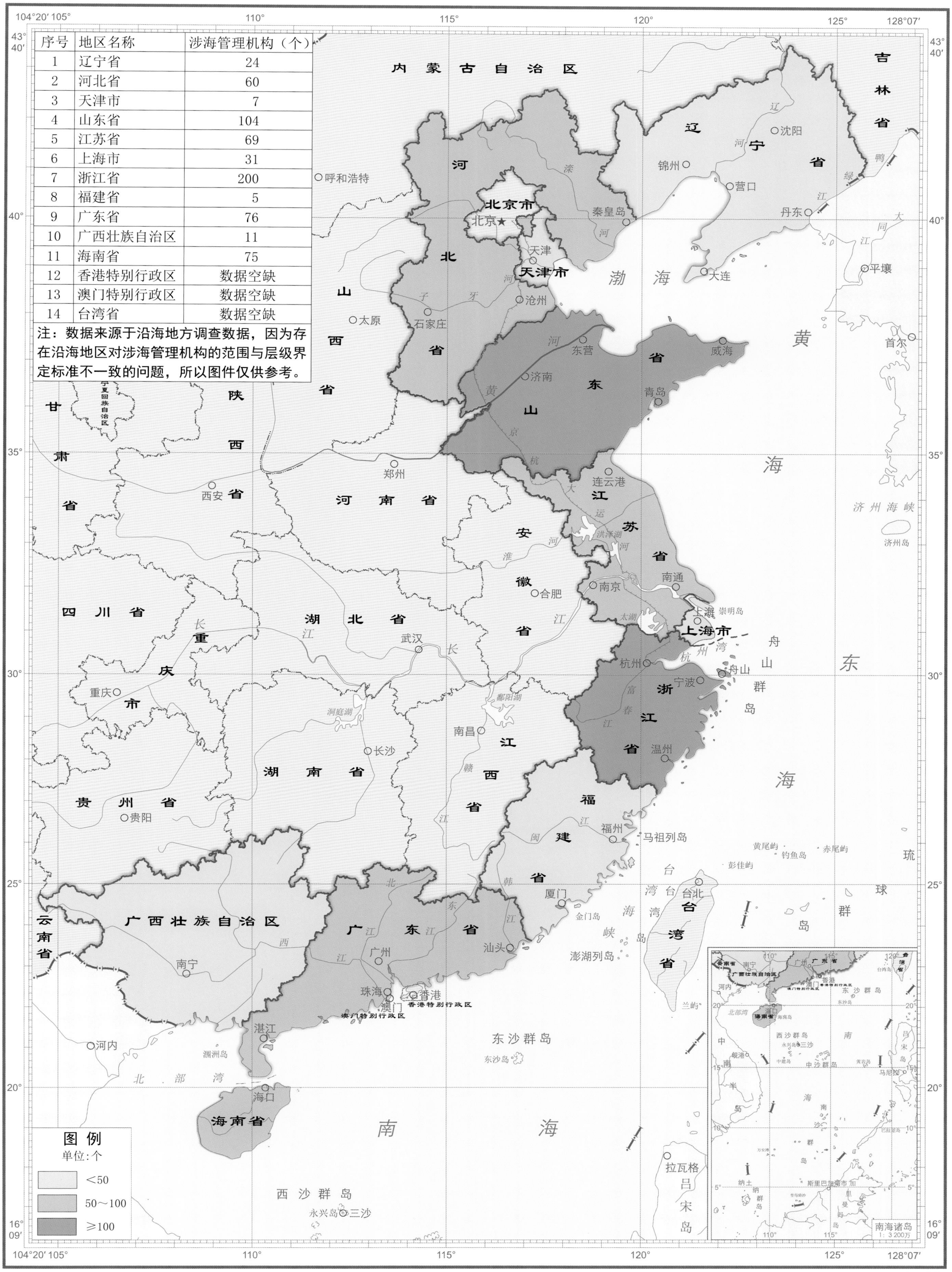

1∶10 000 000（墨卡托投影 基准纬线30°）

沿海地区海洋专业学校分布图

2006年

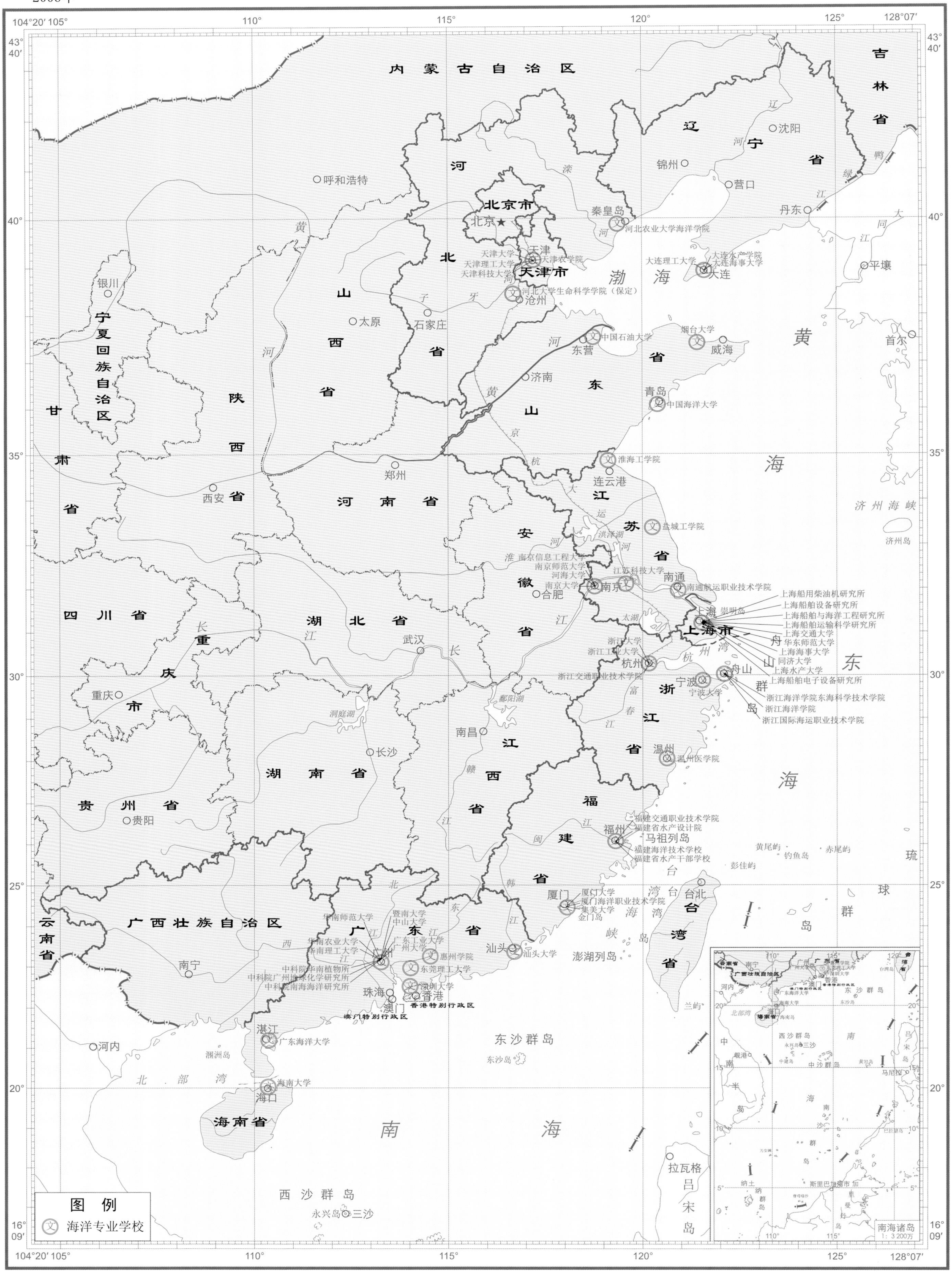

1：10 000 000（墨卡托投影 基准纬线30°）

沿海地区中心渔港分布图

2006年

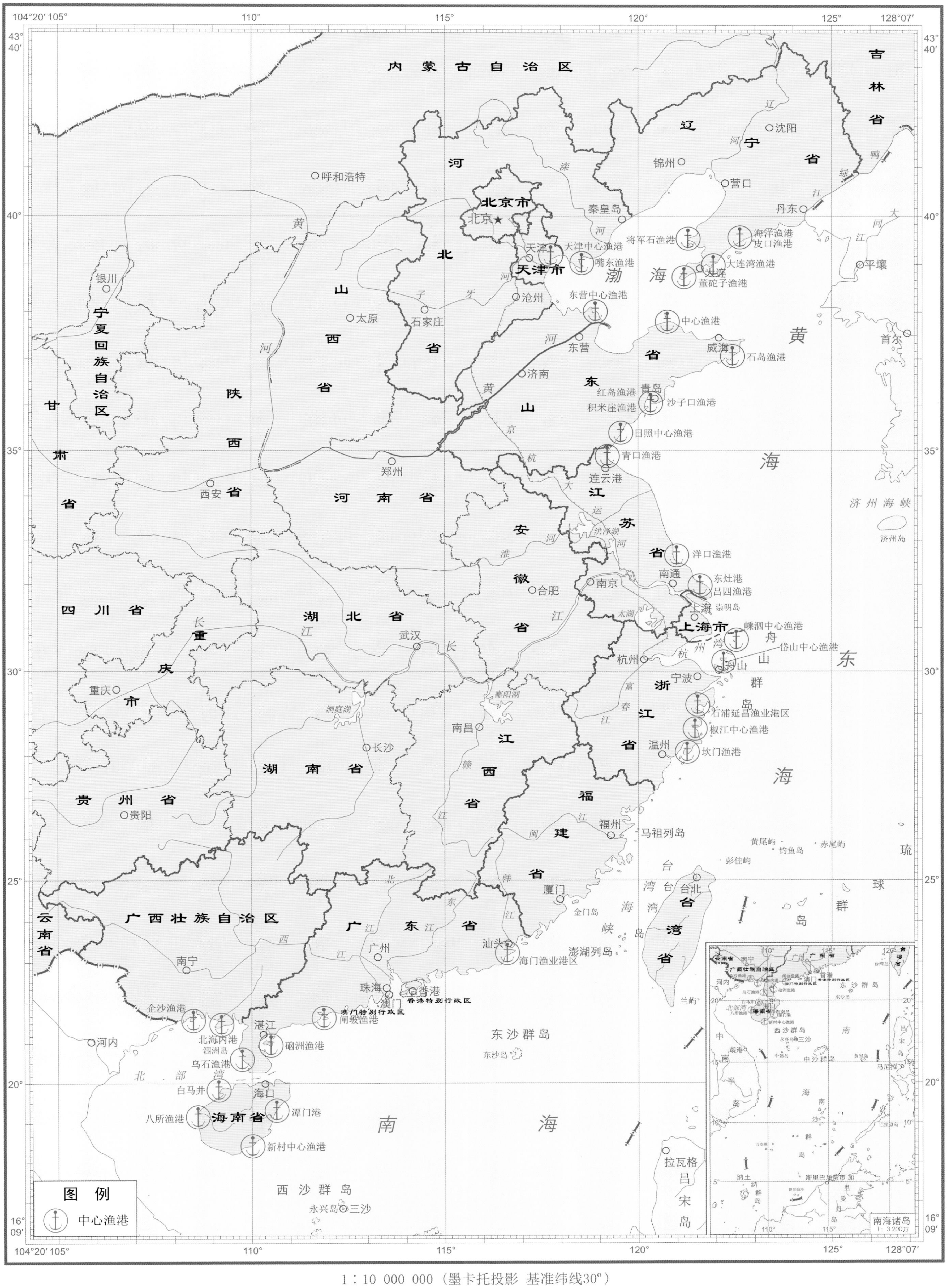

1：10 000 000（墨卡托投影 基准纬线30°）

沿海地区一级渔港密集程度情况图

2006年

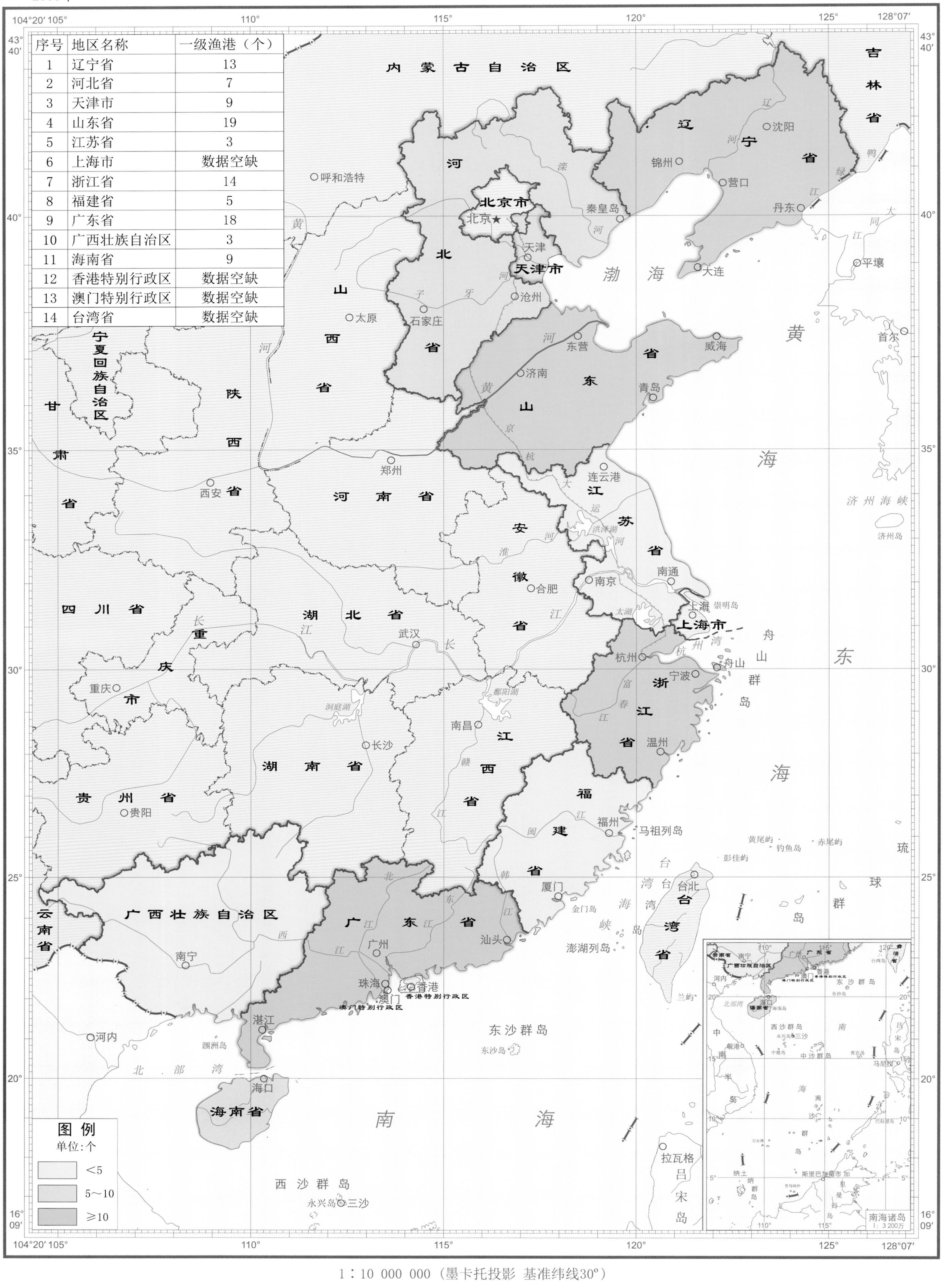

序号	地区名称	一级渔港（个）
1	辽宁省	13
2	河北省	7
3	天津市	9
4	山东省	19
5	江苏省	3
6	上海市	数据空缺
7	浙江省	14
8	福建省	5
9	广东省	18
10	广西壮族自治区	3
11	海南省	9
12	香港特别行政区	数据空缺
13	澳门特别行政区	数据空缺
14	台湾省	数据空缺

图例
单位：个
<5
5～10
≥10
内蒙古自治区
吉林省
辽宁省
河北省
北京市
天津市
山西省
山东省
陕西省
宁夏回族自治区
甘肃省
河南省
江苏省
安徽省
上海市
四川省
湖北省
重庆市
浙江省
江西省
湖南省
贵州省
福建省
台湾省
广西壮族自治区
广东省
云南省
海南省
香港特别行政区
澳门特别行政区
渤海
黄海
东海
南海
东沙群岛
西沙群岛
南海诸岛

1∶10 000 000（墨卡托投影 基准纬线30°）

沿海地区一级渔港分布图

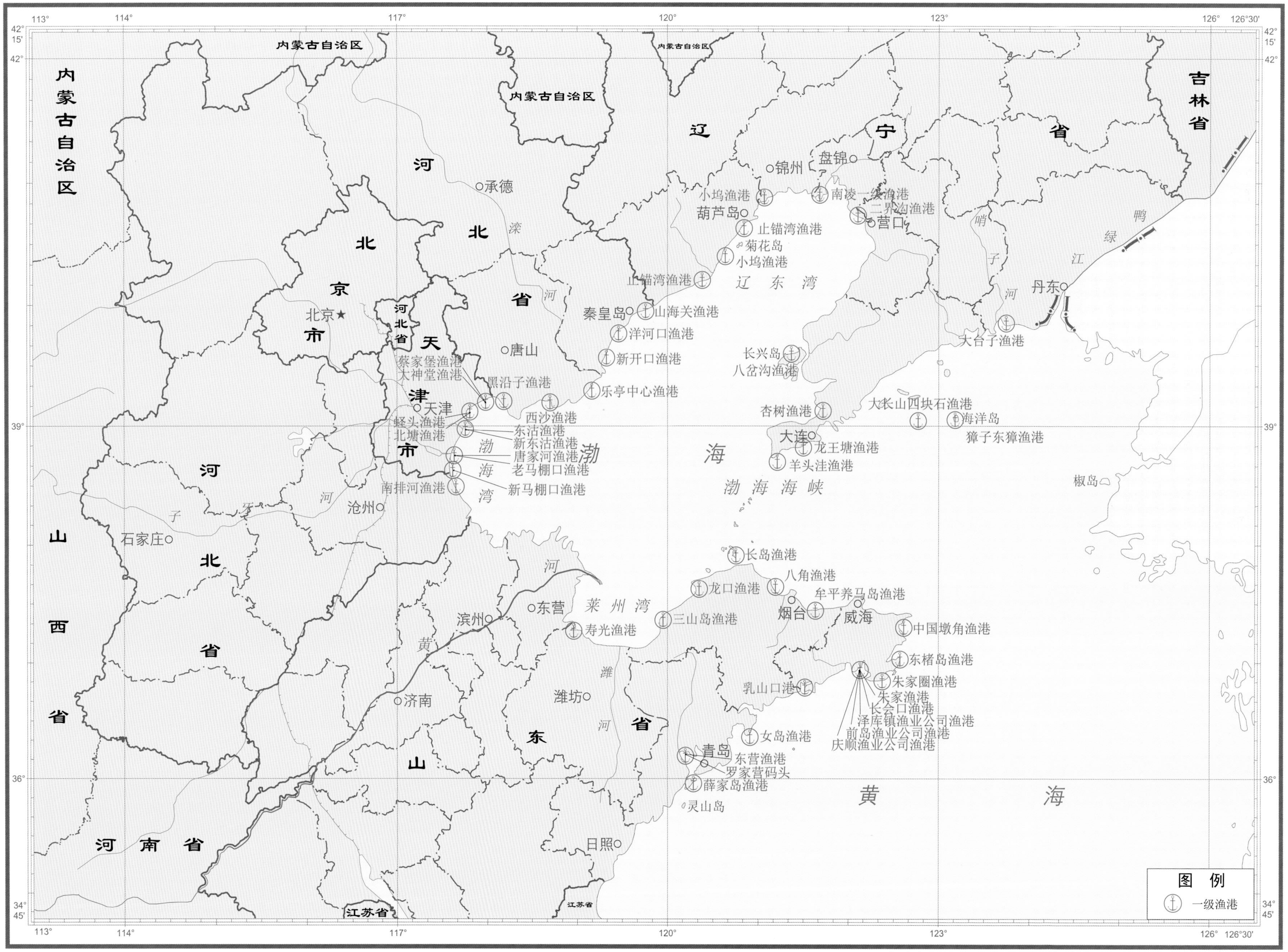
内蒙古自治区
吉林省
辽宁省
河北省
北京市
天津市
山东省
山西省
河南省
江苏省
锦州
盘锦
营口
葫芦岛
小坞渔港
南凌一级渔港
二界沟渔港
止锚湾渔港
菊花岛
小坞渔港
止锚湾渔港
辽东湾
秦皇岛
山海关渔港
洋河口渔港
新开口渔港
乐亭中心渔港
唐山
承德
北京
长兴岛
八岔沟渔港
丹东
大台子渔港
大长山四块石渔港
海洋岛
獐子东獐渔港
杏树渔港
大连
龙王塘渔港
羊头洼渔港
椒岛
蔡家堡渔港
大神堂渔港
黑沿子渔港
天津
西沙渔港
蛏头渔港
东沽渔港
北塘渔港
新东沽渔港
唐家河渔港
老马棚口渔港
新马棚口渔港
南排河渔港
沧州
渤海湾
渤海
渤海海峡
石家庄
长岛渔港
八角渔港
龙口渔港
牟平养马岛渔港
烟台
威海
三山岛渔港
中国墩角渔港
寿光渔港
莱州湾
东营
滨州
济南
潍坊
东楮岛渔港
朱家圈渔港
朱家渔港
长会口渔港
泽库镇渔业公司渔港
前岛渔业公司渔港
庆顺渔业公司渔港
乳山口渔港
女岛渔港
青岛
东营渔港
罗家营码头
薛家岛渔港
灵山岛
日照
黄海
图 例
一级渔港

1∶4 000 000 （墨卡托投影 基准纬线38°）

沿海地区一级渔港分布图

2006年

江苏省、上海市、浙江省、福建省

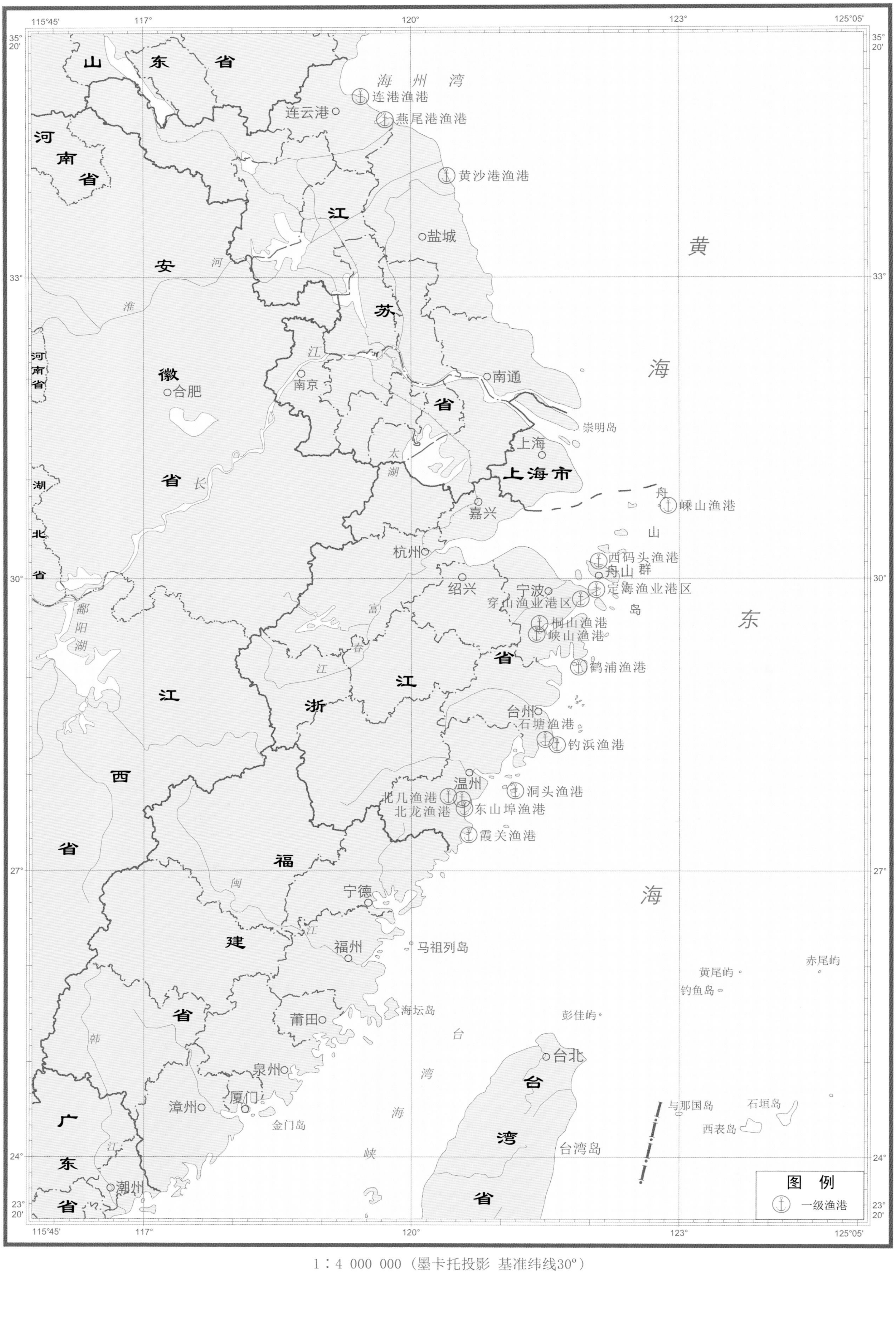

1∶4 000 000（墨卡托投影 基准纬线30°）

沿海地区一级渔港分布图

2006年

广东省、广西壮族自治区、海南省

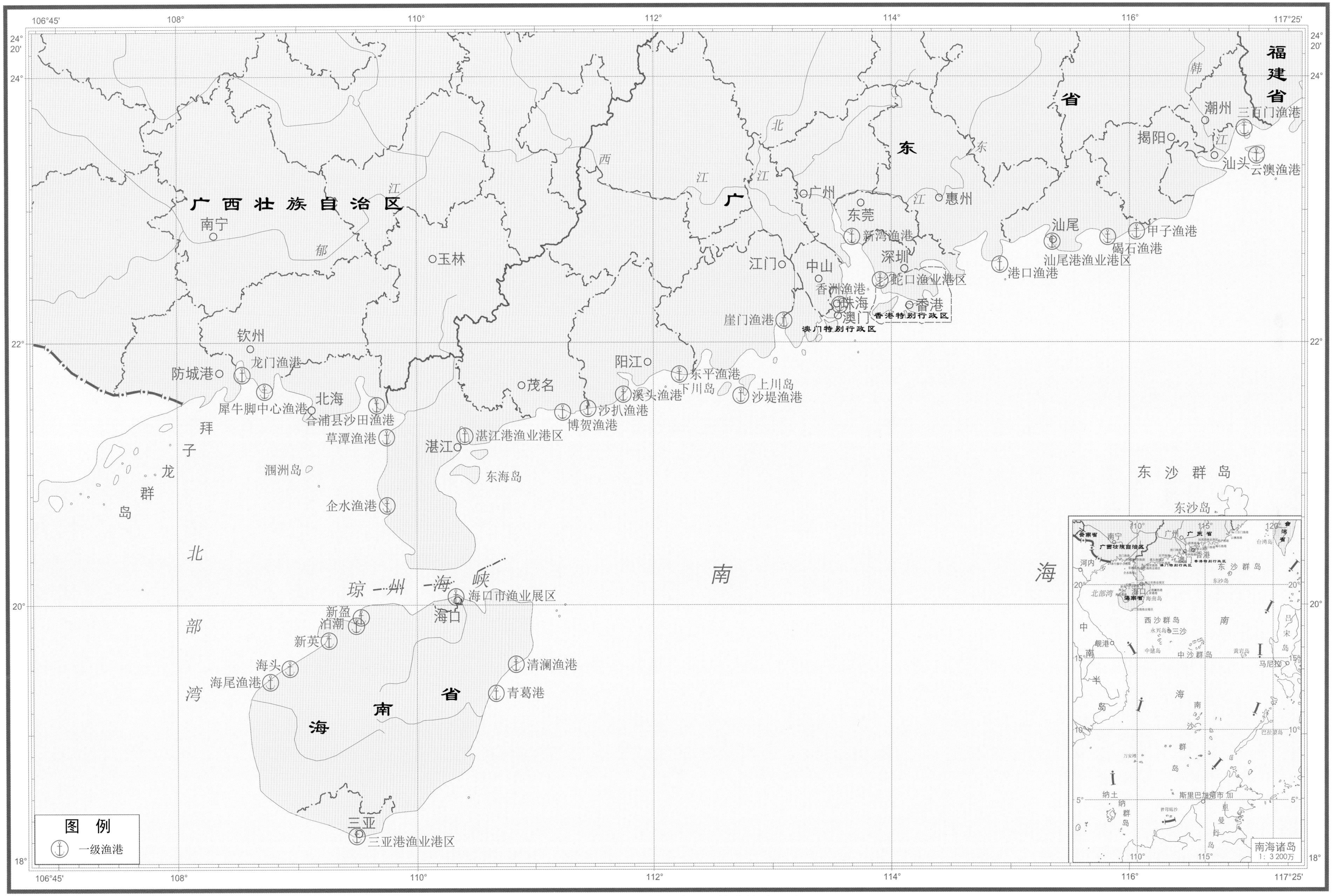

1：3 500 000（墨卡托投影 基准纬线21°）

沿海地区二级渔港密集程度情况图

2006年

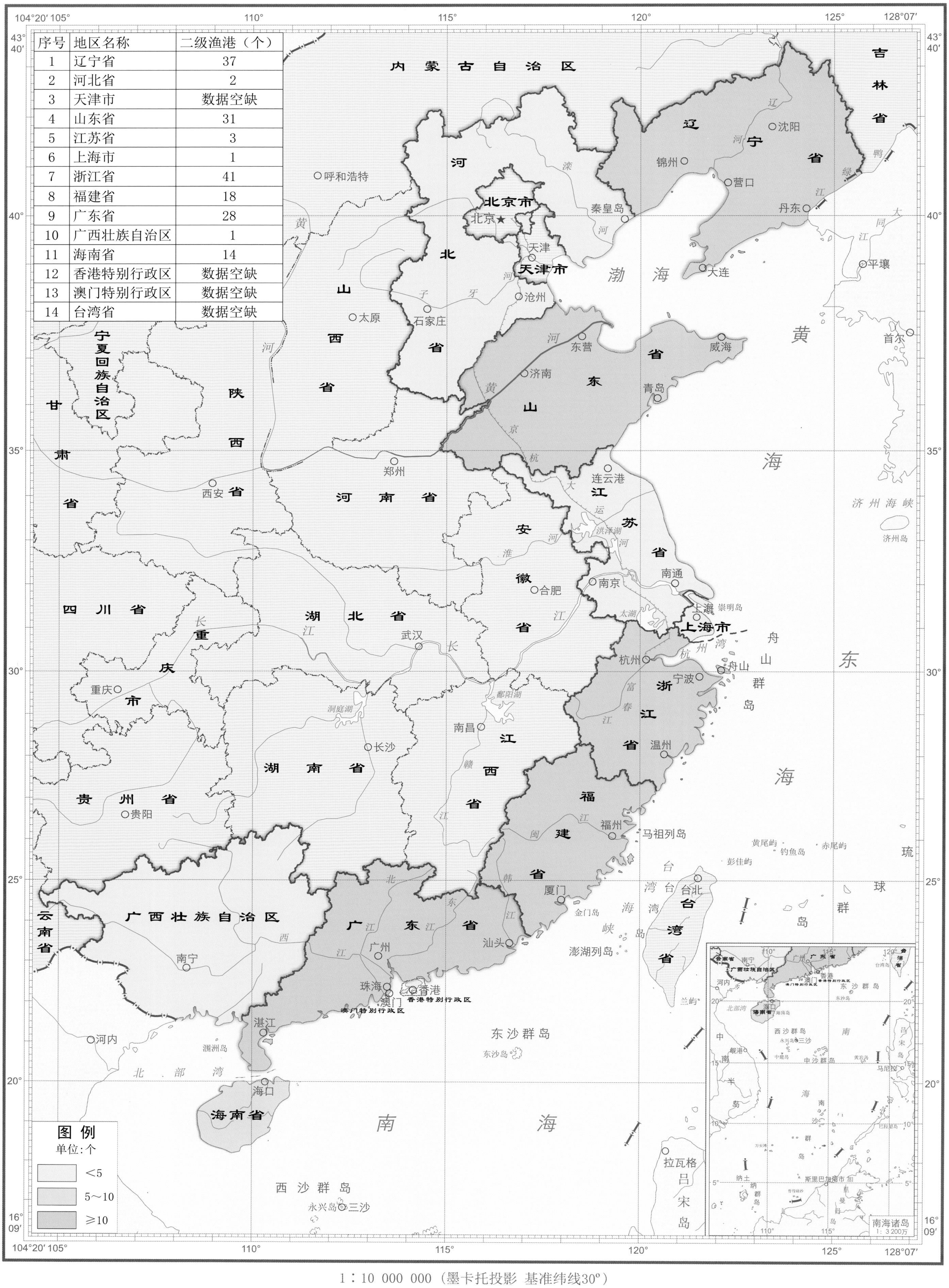

序号	地区名称	二级渔港（个）
1	辽宁省	37
2	河北省	2
3	天津市	数据空缺
4	山东省	31
5	江苏省	3
6	上海市	1
7	浙江省	41
8	福建省	18
9	广东省	28
10	广西壮族自治区	1
11	海南省	14
12	香港特别行政区	数据空缺
13	澳门特别行政区	数据空缺
14	台湾省	数据空缺

1：10 000 000（墨卡托投影 基准纬线30°）

沿海地区二级渔港分布图

2006年

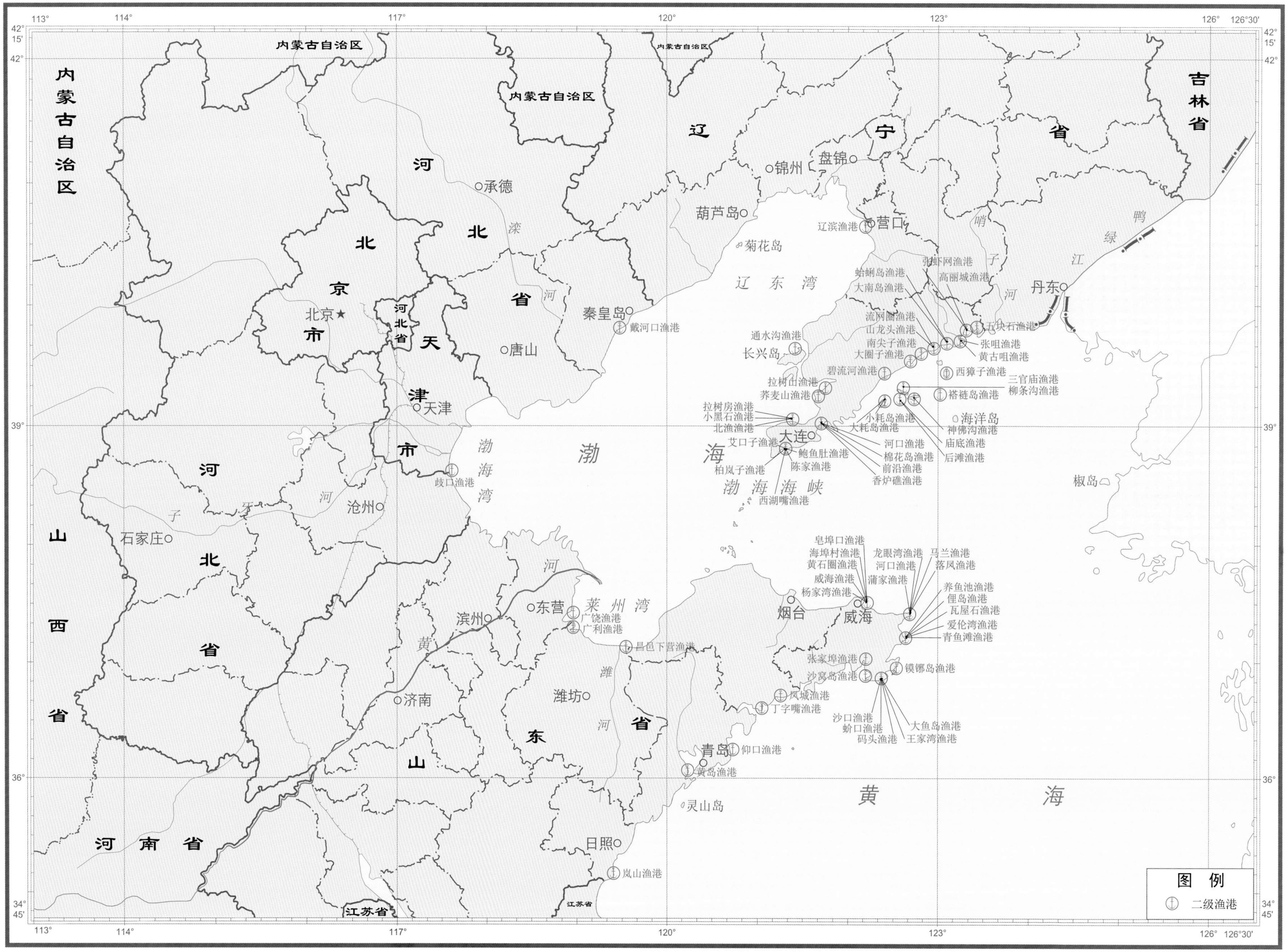
内蒙古自治区
吉林省
辽宁省
河北省
北京市
北京
天津市
天津
河北省
山西省
河南省
山东省
江苏省
锦州
盘锦
营口
葫芦岛
菊花岛
丹东
长兴岛
大连
海洋岛
椒岛
承德
秦皇岛
唐山
沧州
石家庄
东营
滨州
济南
潍坊
烟台
威海
青岛
灵山岛
日照
辽东湾
渤海
渤海湾
莱州湾
渤海海峡
黄海
辽滨渔港
戴河口渔港
岐口渔港
广饶渔港
广利渔港
昌邑下营渔港
岚山渔港
黄岛渔港
仰口渔港
丁字嘴渔港
凤城渔港
沙窝岛渔港
张家埠渔港
镆铘岛渔港
沙口渔港
蚧口渔港
码头渔港
大鱼岛渔港
王家湾渔港
皂埠口渔港
海埠村渔港
黄石圈渔港
威海渔港
杨家湾渔港
龙眼湾渔港
河口渔港
蒲家渔港
马兰渔港
落凤渔港
养鱼池渔港
俚岛渔港
瓦屋石渔港
爱伦湾渔港
青鱼滩渔港
通水沟渔港
拉树山渔港
荞麦山渔港
拉树房渔港
小黑石渔港
北渔渔港
艾口子渔港
柏岚子渔港
鲍鱼肚渔港
陈家渔港
西湖嘴渔港
碧流河渔港
大圈子渔港
南尖子渔港
山龙头渔港
流网圈渔港
大南岛渔港
蛤蜊岛渔港
虾网渔港
高丽城渔港
五块石渔港
张咀渔港
黄古咀渔港
西獐子渔港
三官庙渔港
柳条沟渔港
褡裢岛渔港
小耗岛渔港
大耗岛渔港
神佛沟渔港
庙底渔港
后滩渔港
河口渔港
棉花岛渔港
前沿渔港
香炉礁渔港
图例
二级渔港

1：4 000 000 （墨卡托投影 基准纬线38°）

沿海地区二级渔港分布图

2006年

江苏省、上海市、浙江省、福建省

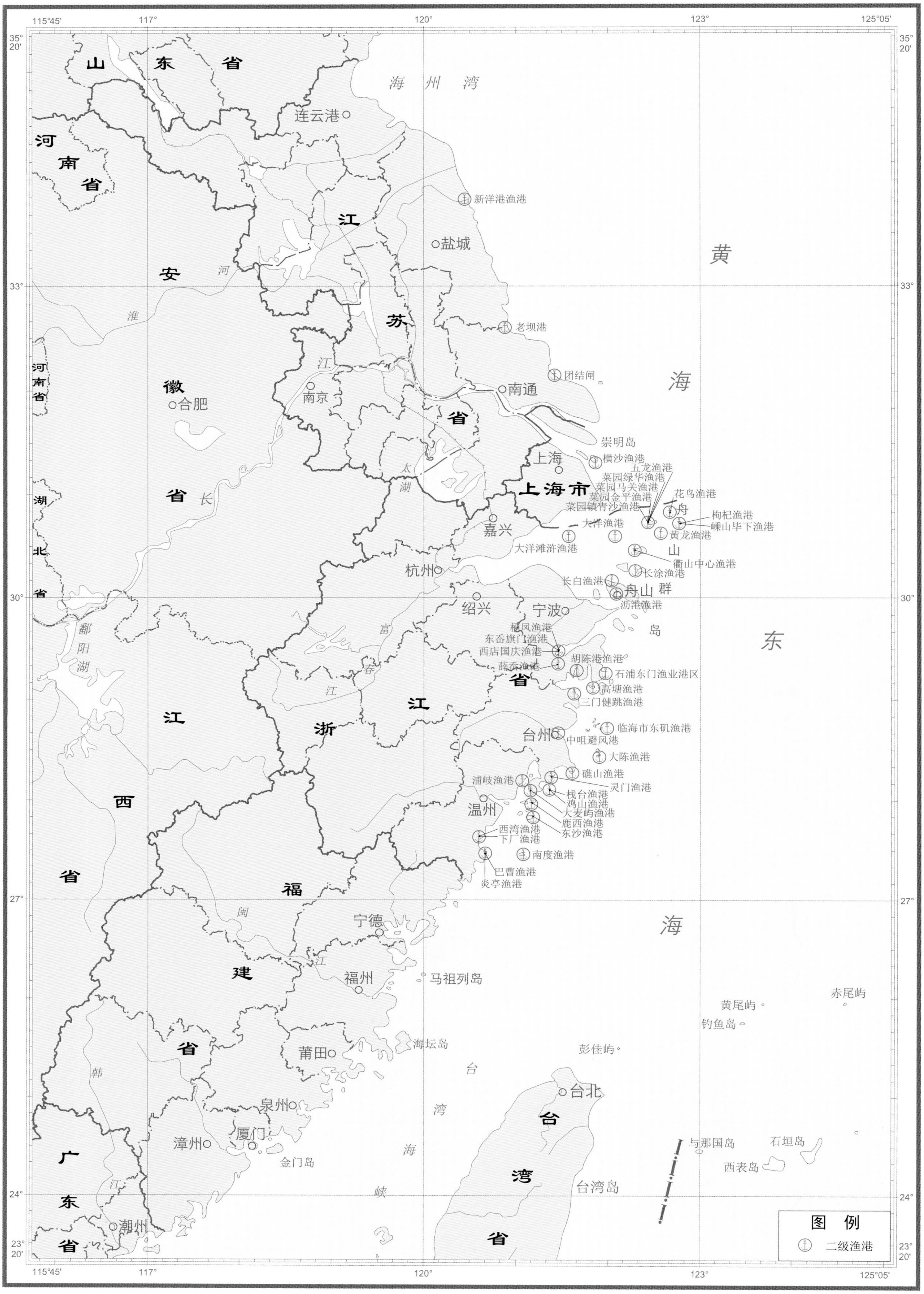

山东省
海州湾
连云港
河南省
新洋港渔港
江苏省
盐城
黄海
安徽省
老坝港
团结闸
南通
南京
合肥
崇明岛
横沙渔港
上海
五龙渔港
菜园绿华渔港
菜园马关渔港
菜园金平渔港
菜园镇青沙渔港
花鸟渔港
枸杞渔港
嵊山毕下渔港
黄龙渔港
上海市
大洋渔港
嘉兴
大洋滩浒渔港
衢山中心渔港
长涂渔港
杭州
长白渔港
舟山群岛
沥港渔港
绍兴
宁波
横风渔港
东岙旗门渔港
西店国庆渔港
胡陈港渔港
蔚岙渔港
石浦东门渔业港区
高塘渔港
三门健跳渔港
浙江省
临海市东矶渔港
台州
中咀避风港
大陈渔港
礁山渔港
浦岐渔港
灵门渔港
栈台渔港
鸡山渔港
温州
大麦屿渔港
鹿西渔港
西湾渔港
东沙渔港
下厂渔港
南麂渔港
巴曹渔港
炎亭渔港
东海
江西省
鄱阳湖
福建省
宁德
福州
马祖列岛
黄尾屿
赤尾屿
钓鱼岛
海坛岛
莆田
彭佳屿
台湾海峡
台北
泉州
台湾省
厦门
漳州
金门岛
与那国岛
石垣岛
西表岛
台湾岛
广东省
潮州
115°45′
117°
120°
123°
125°05′
35° 20′
33°
30°
27°
24°
23° 20′
图例
二级渔港

1：4 000 000（墨卡托投影 基准纬线30°）

沿海地区二级渔港分布图

2006年

广东省、广西壮族自治区、海南省

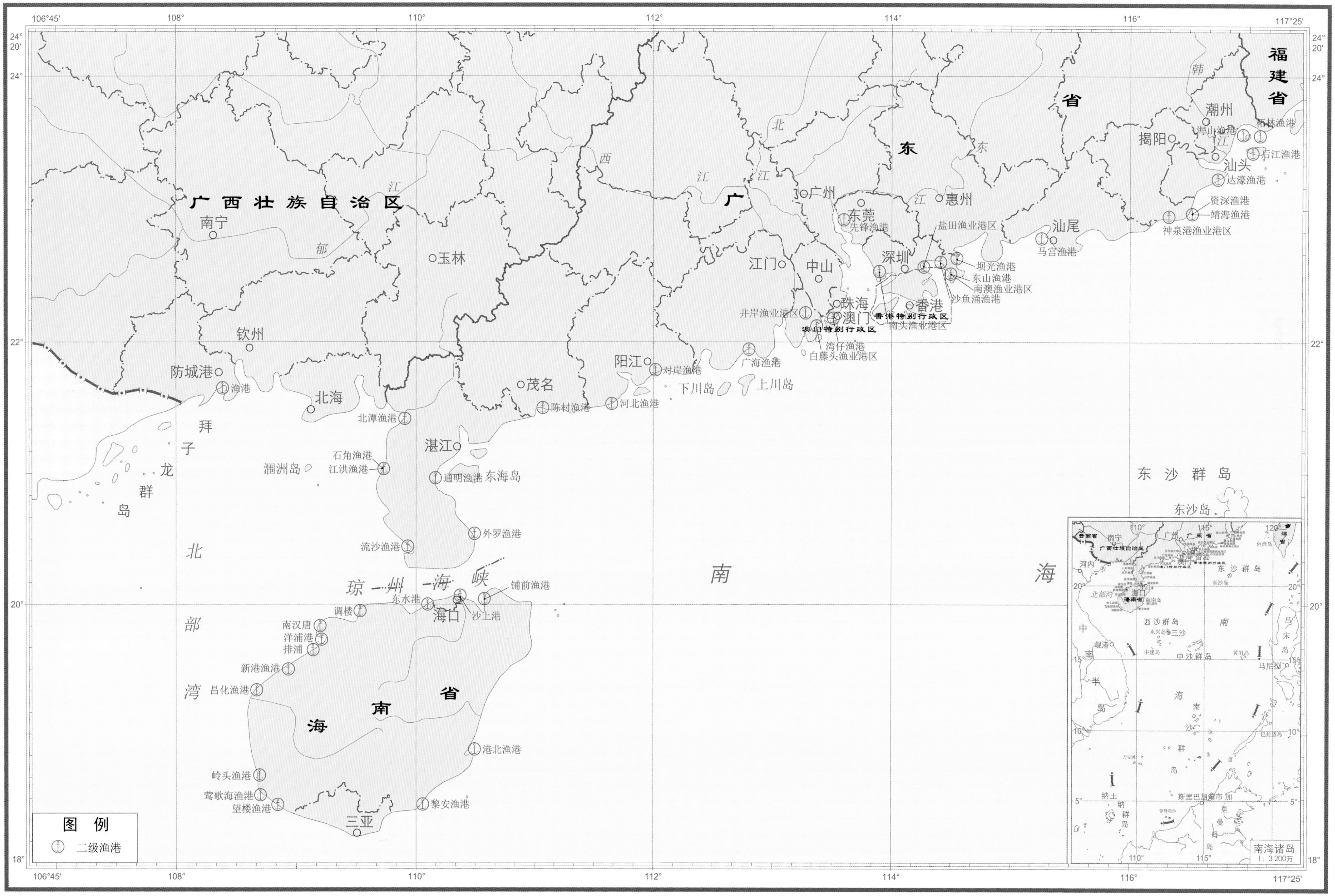

广西壮族自治区
广东省
福建省
海南省
南宁
玉林
钦州
防城港
北海
湛江
茂名
阳江
江门
中山
珠海
澳门
澳门特别行政区
香港
香港特别行政区
深圳
东莞
广州
惠州
汕尾
揭阳
潮州
汕头
海口
三亚
渔港
北潭渔港
石角渔港
江洪渔港
通明渔港
东海岛
外罗渔港
流沙渔港
陈村渔港
河北渔港
对岸渔港
下川岛
上川岛
广海渔港
井岸渔业港区
湾仔渔港
白藤头渔业港区
南头渔业港区
先锋渔港
盐田渔业港区
坝光渔港
东山渔港
南澳渔业港区
沙鱼涌渔港
马宫渔港
神泉港渔业港区
资深渔港
靖海渔港
达濠渔港
后江渔港
海山渔港
柘林渔港
涠洲岛
拜子龙群岛
北部湾
琼州海峡
南海
东沙群岛
东沙岛
铺前渔港
东水港
沙上港
调楼
南汉唐
洋浦港
排浦
新港渔港
昌化渔港
岭头渔港
莺歌海渔港
望楼渔港
黎安渔港
港北渔港
北
西
江
郁
东
韩
图例
二级渔港
南海诸岛
1：3 200万
106°45′
108°
110°
112°
114°
116°
117°25′
24°20′
24°
22°
20°
18°

1：3 500 000（墨卡托投影 基准纬线21°）

沿海地区三级渔港密集程度情况图

2006年

序号	地区名称	三级渔港（个）
1	辽宁省	61
2	河北省	21
3	天津市	数据空缺
4	山东省	37
5	江苏省	数据空缺
6	上海市	2
7	浙江省	34
8	福建省	数据空缺
9	广东省	42
10	广西壮族自治区	5
11	海南省	16
12	香港特别行政区	数据空缺
13	澳门特别行政区	数据空缺
14	台湾省	数据空缺

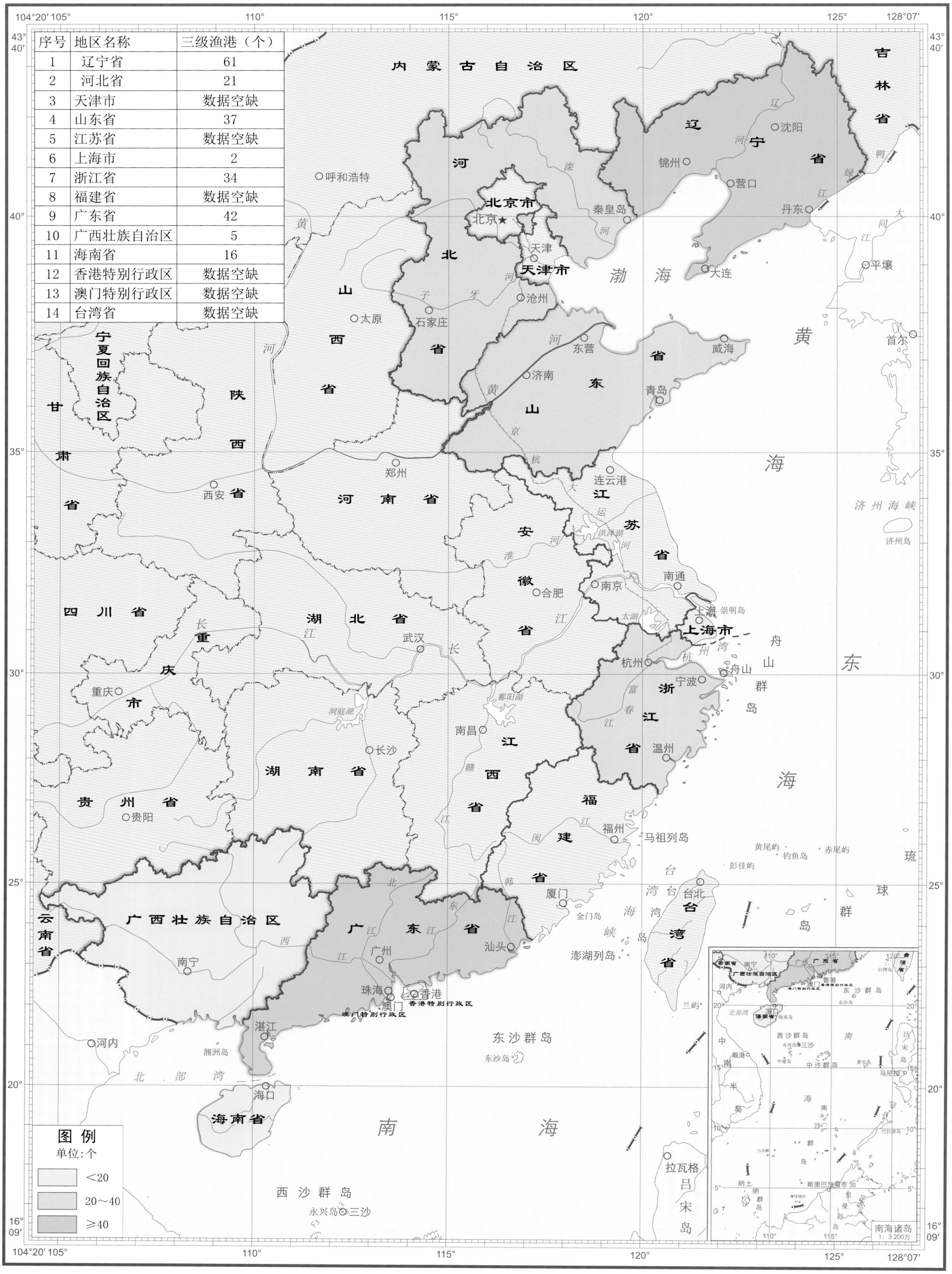

1：10 000 000（墨卡托投影 基准纬线30°）

沿海地区三级渔港分布图

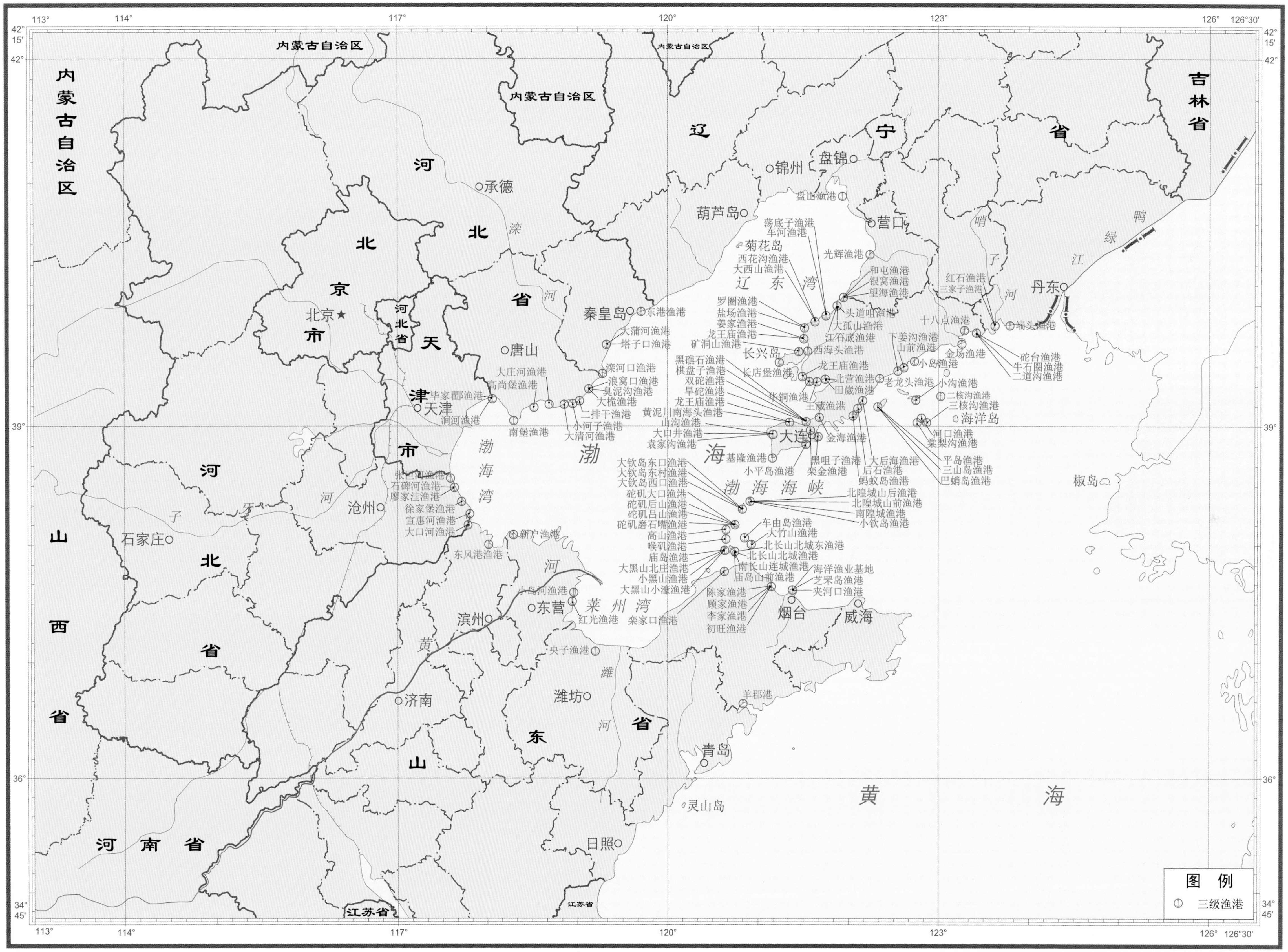

1∶4 000 000　（墨卡托投影　基准纬线38°）

沿海地区三级渔港分布图

2006年

江苏省、上海市、浙江省、福建省

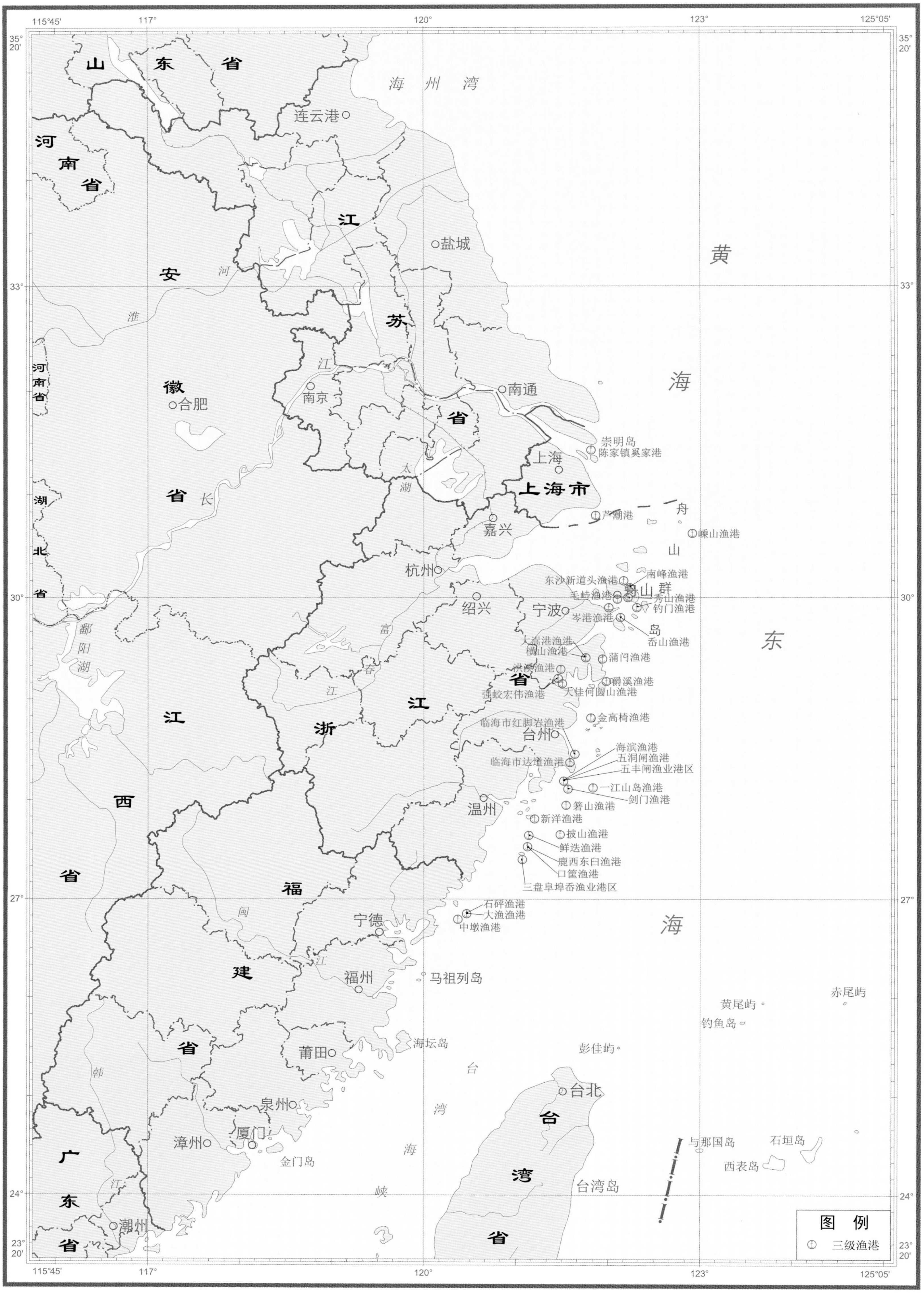

1：4 000 000（墨卡托投影 基准纬线30°）

沿海地区三级渔港分布图

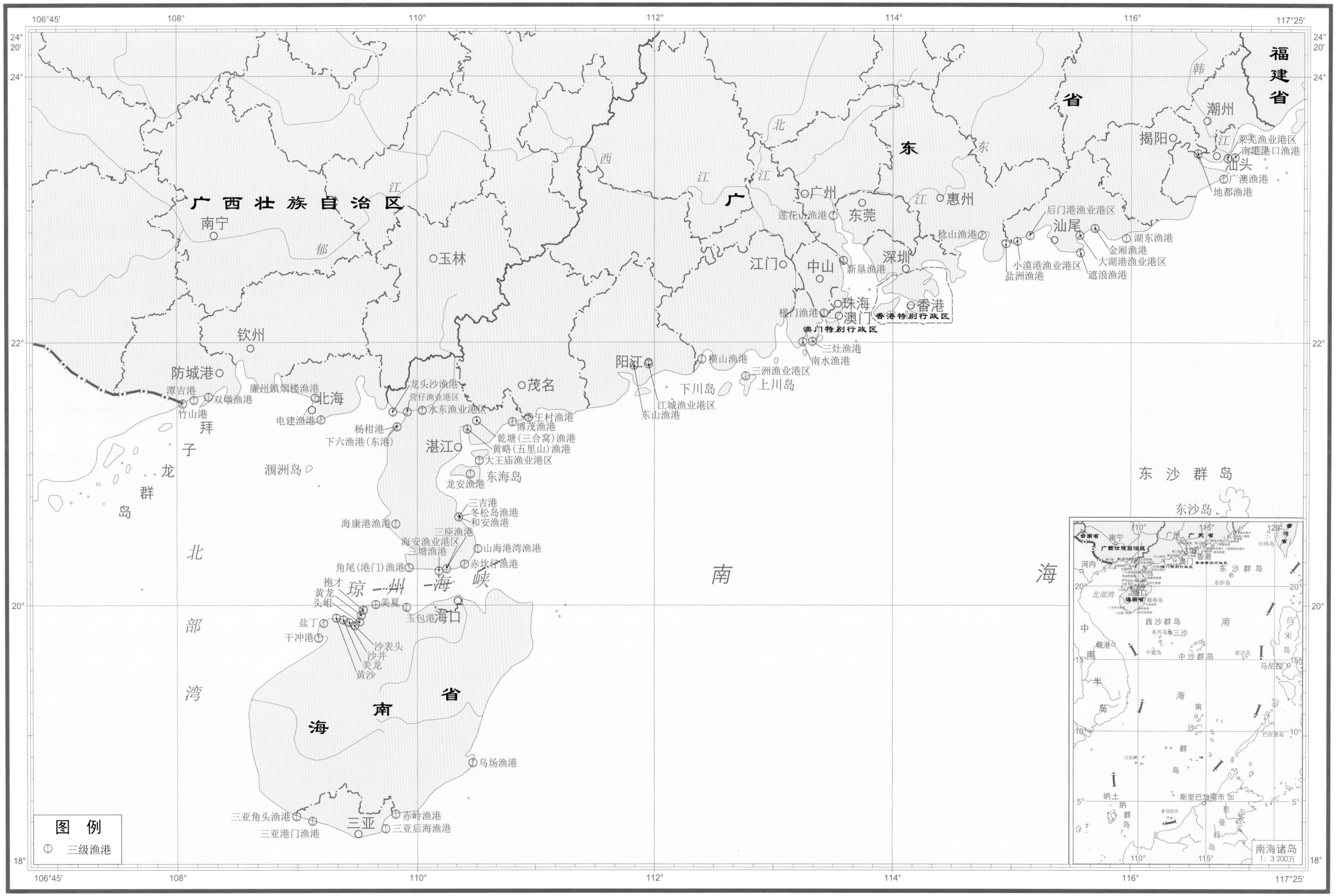

广西壮族自治区
广东省
福建省
海南省
南宁
钦州
防城港
北海
玉林
茂名
湛江
阳江
江门
中山
珠海
澳门
澳门特别行政区
香港
香港特别行政区
深圳
东莞
广州
惠州
汕尾
揭阳
潮州
汕头
海口
三亚
潭吉港
竹山港
双墩渔港
廉州镇烟楼渔港
电建渔港
龙头沙渔港
营仔渔业港区
水东渔业港区
杨柑港
下六渔港（东港）
王村渔港
博茂渔港
乾塘（三合窝）渔港
黄略（五里山）渔港
大王庙渔业港区
东海岛
龙安渔港
三吉港
冬松岛渔港
和安渔港
海康港渔港
三座渔港
海安渔业港区
三塘渔港
山海港湾渔港
赤坎仔渔港
角尾（港门）渔港
抱才
黄龙
头峒
美夏
玉包港
盐丁
干冲港
沙表头
沙井
美龙
黄沙
乌场渔港
三亚角头渔港
三亚港门渔港
赤岭渔港
三亚后海渔港
横山渔港
三洲渔业港区
上川岛
下川岛
江城渔业港区
东山渔港
横门渔港
三灶渔港
南水渔港
新垦渔港
莲花山渔港
稔山渔港
后门港渔业港区
小漠港渔业港区
盐洲渔港
湖东渔港
金厢渔港
大湖港渔业港区
遮浪渔港
莱芜渔业港区
南港港口渔港
广澳渔港
地都渔港
涠洲岛
白龙群岛
拜子龙群岛
北部湾
琼州海峡
南海
东沙群岛
东沙岛
西江
北江
东江
郁江
韩江
图例
三级渔港
南海诸岛
1：3 200万
西沙群岛
中沙群岛
南沙群岛
永兴岛
三沙
马尼拉
斯里巴加湾市
河内
中南半岛
台湾省
106°45′
108°
110°
112°
114°
116°
117°25′
24°20′
24°
22°
20°
18°

1∶3 500 000（墨卡托投影 基准纬线21°）

沿海地区主要海洋化工企业密集程度情况图

2006年

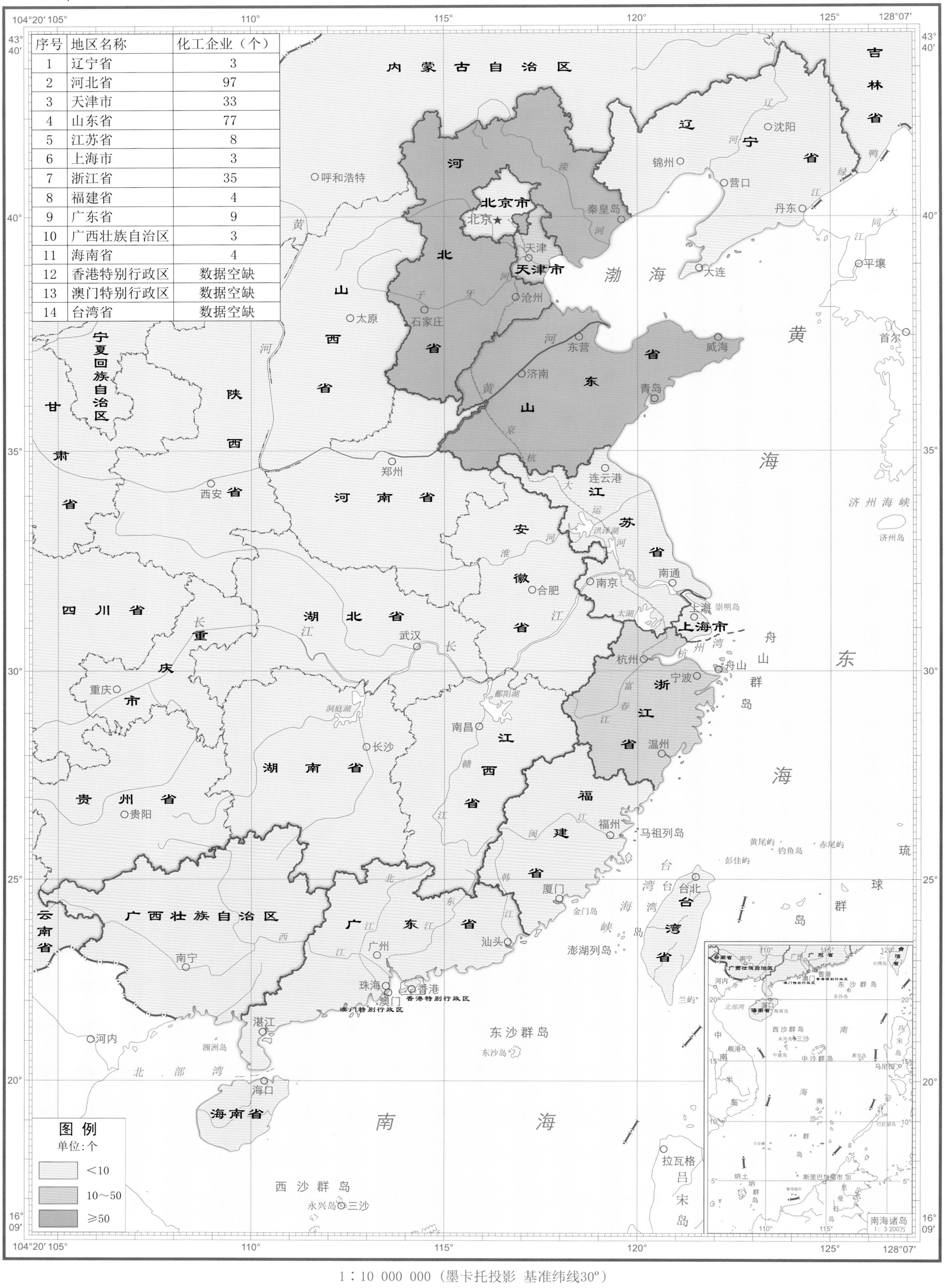

序号	地区名称	化工企业（个）
1	辽宁省	3
2	河北省	97
3	天津市	33
4	山东省	77
5	江苏省	8
6	上海市	3
7	浙江省	35
8	福建省	4
9	广东省	9
10	广西壮族自治区	3
11	海南省	4
12	香港特别行政区	数据空缺
13	澳门特别行政区	数据空缺
14	台湾省	数据空缺

1∶10 000 000（墨卡托投影 基准纬线30°）

沿海地区主要海洋化工企业分布图

2006年

辽宁省

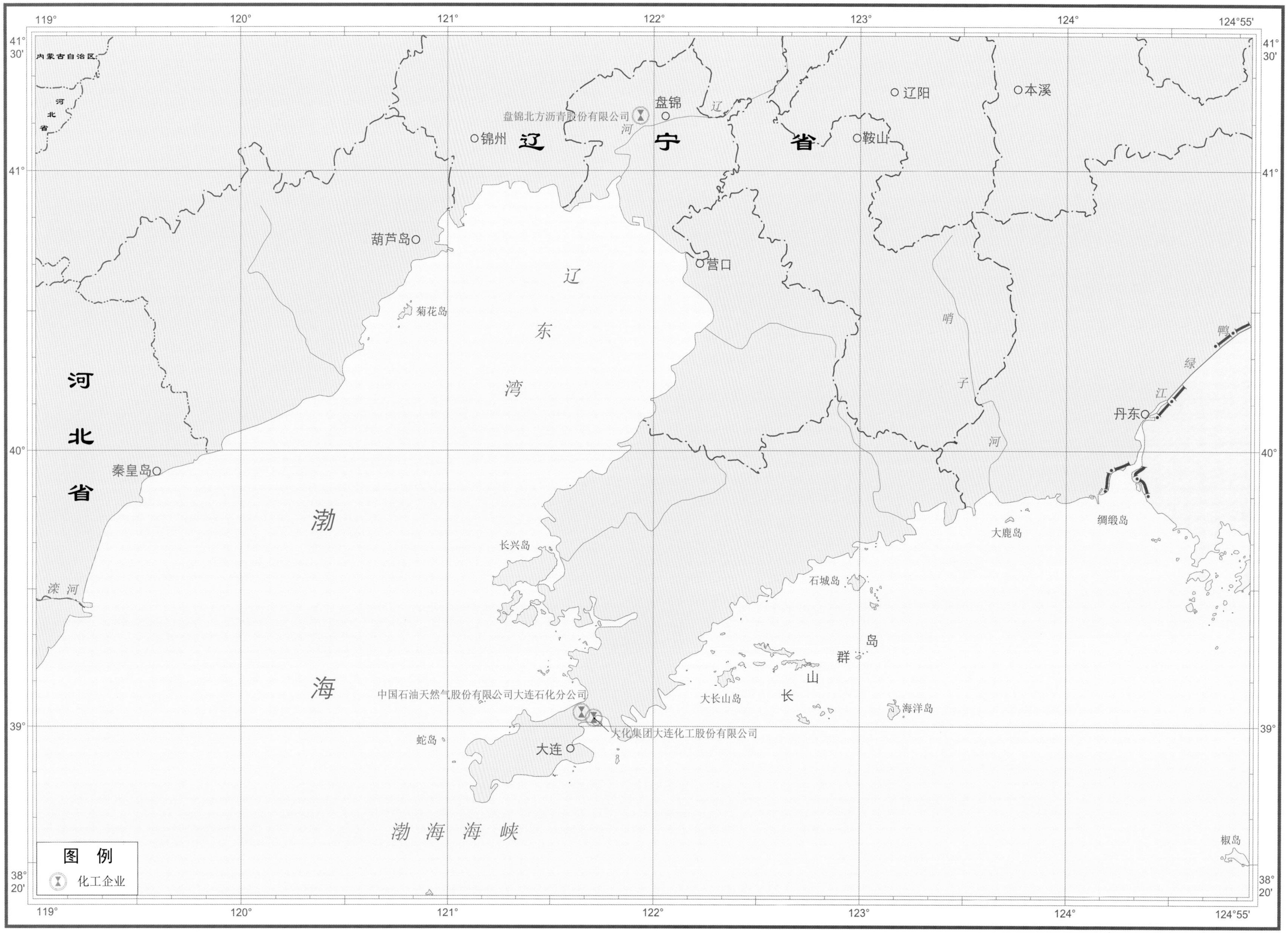

1∶2 000 000（墨卡托投影　基准纬线30°）

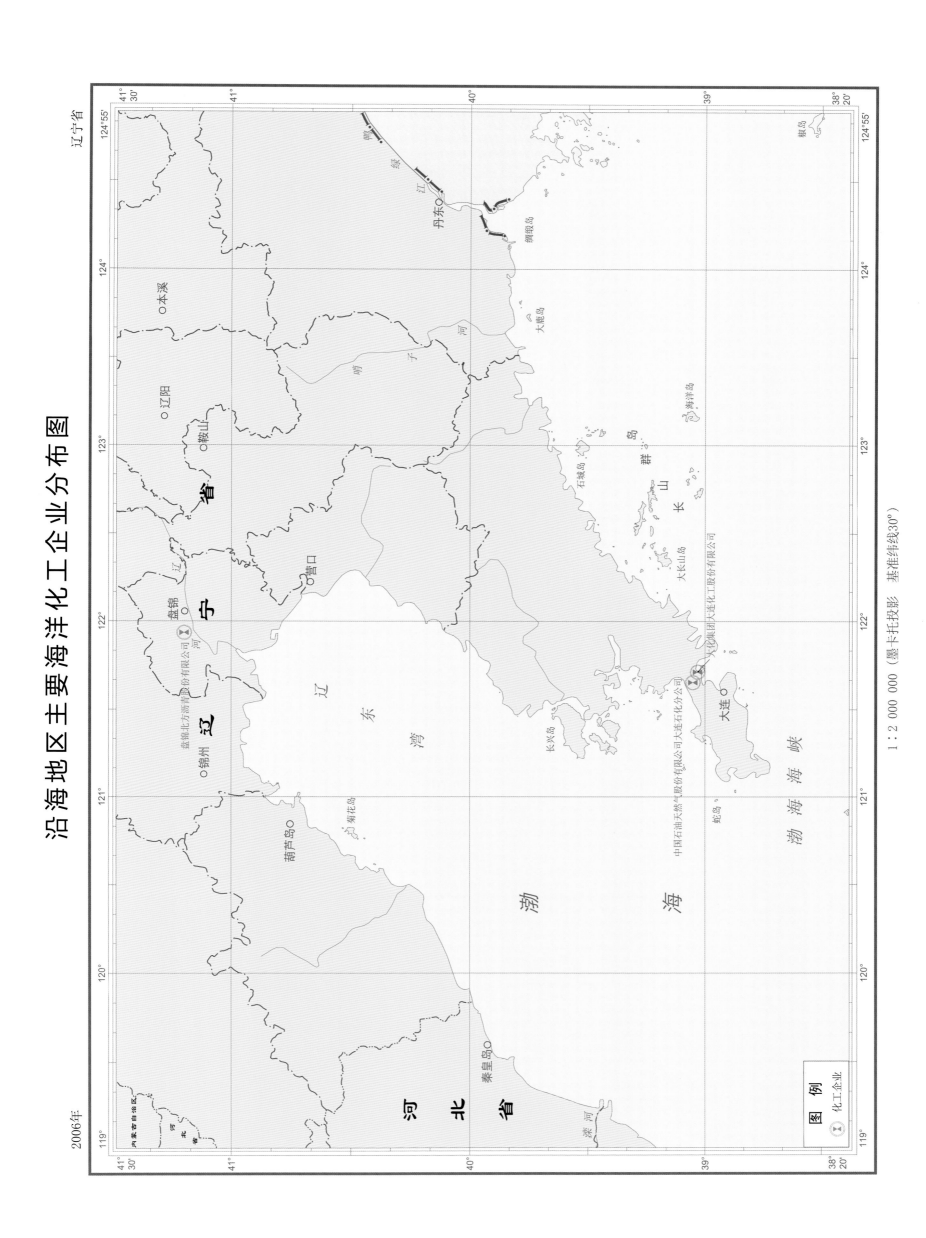

沿海地区主要海洋化工企业分布图

2006年

河北省

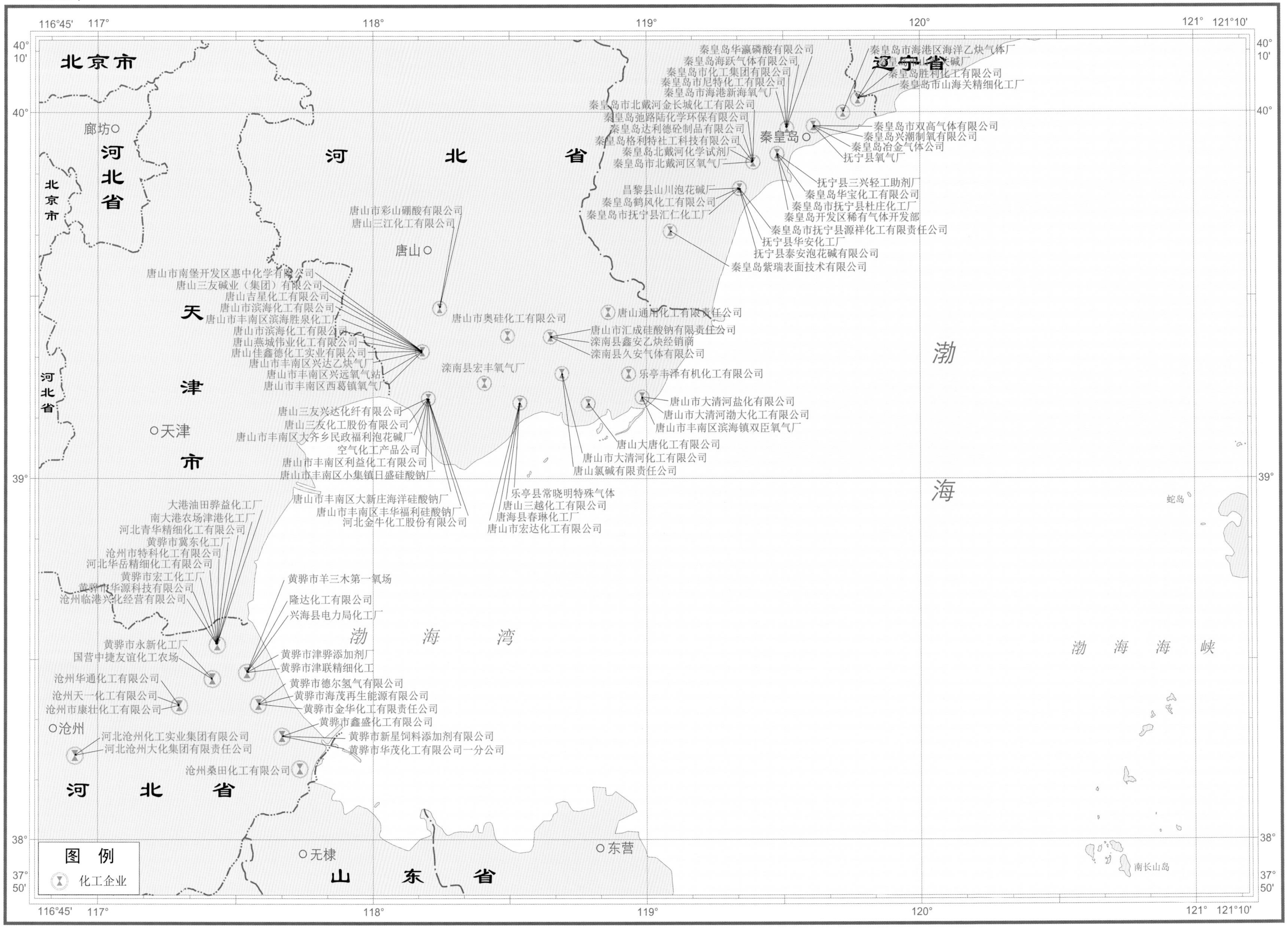

1∶1 500 000（墨卡托投影　基准纬线30°）

沿海地区主要海洋化工企业分布图

2006年　　天津市

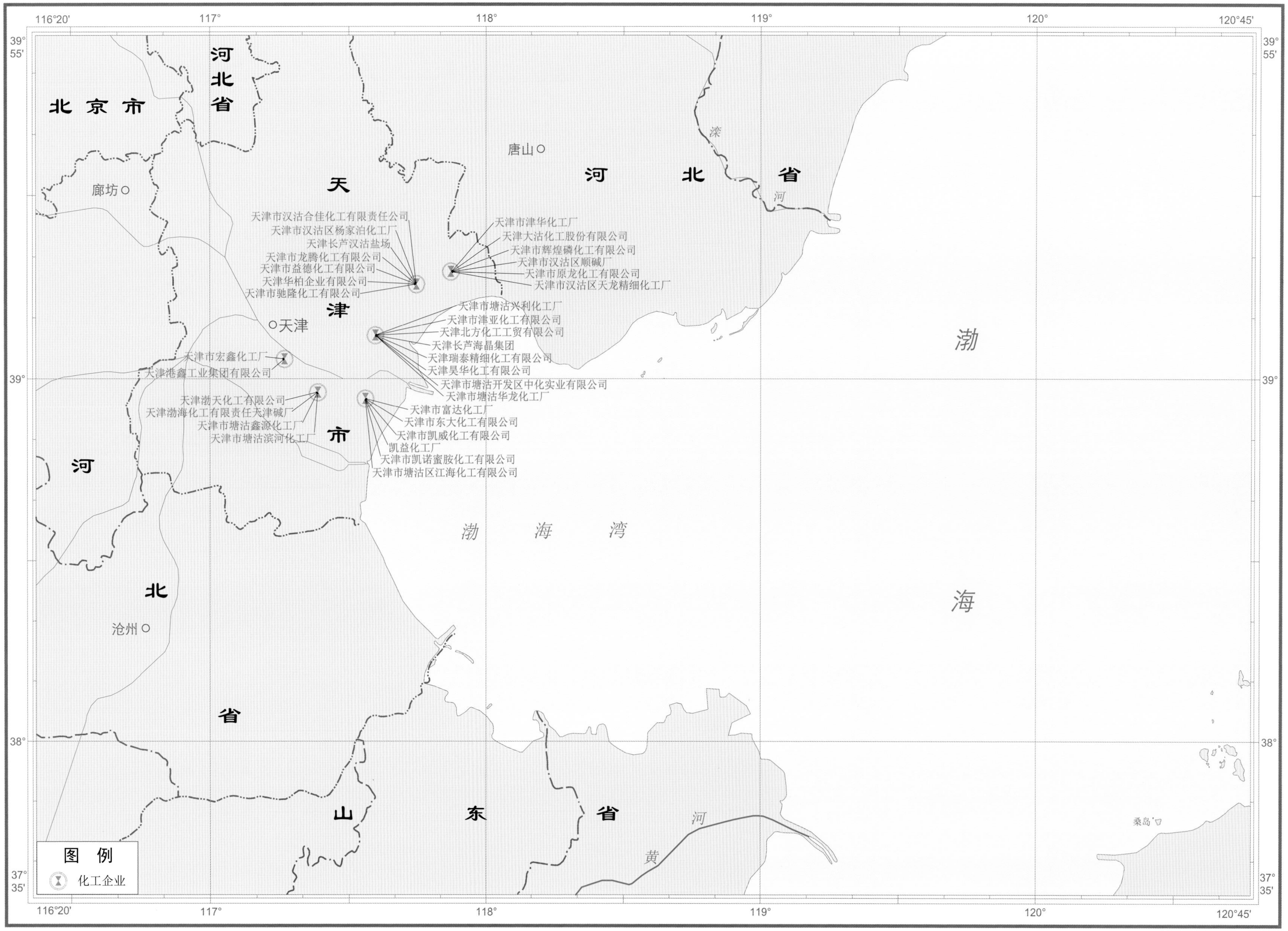
北京市
河北省
天津市
河北省
河北省
山东省
唐山
廊坊
天津
沧州
桑岛
渤海
渤海湾
滦河
黄河
天津市汉沽合佳化工有限责任公司
天津市汉沽区杨家泊化工厂
天津长芦汉沽盐场
天津市龙腾化工有限公司
天津市益德化工有限公司
天津华柏企业有限公司
天津市驰隆化工有限公司
天津市津华化工厂
天津大沽化工股份有限公司
天津市辉煌磷化工有限公司
天津市汉沽区顺碱厂
天津市原龙化工有限公司
天津市汉沽区天龙精细化工厂
天津市塘沽兴利化工厂
天津市津亚化工有限公司
天津北方化工工贸有限公司
天津长芦海晶集团
天津瑞泰精细化工有限公司
天津昊华化工有限公司
天津市塘沽开发区中化实业有限公司
天津市塘沽华龙化工厂
天津市宏鑫化工厂
天津港鑫工业集团有限公司
天津渤天化工有限公司
天津渤海化工有限责任天津碱厂
天津市塘沽鑫源化工厂
天津市塘沽滨河化工厂
天津市富达化工厂
天津市东大化工有限公司
天津市凯威化工有限公司
凯益化工厂
天津市凯诺蜜胺化工有限公司
天津市塘沽区江海化工有限公司
116°20′
117°
118°
119°
120°
120°45′
39°55′
39°
38°
37°35′
图例
化工企业

1∶1 500 000（墨卡托投影　基准纬线30°）

沿海地区主要海洋化工企业分布图

2006年　　山东省

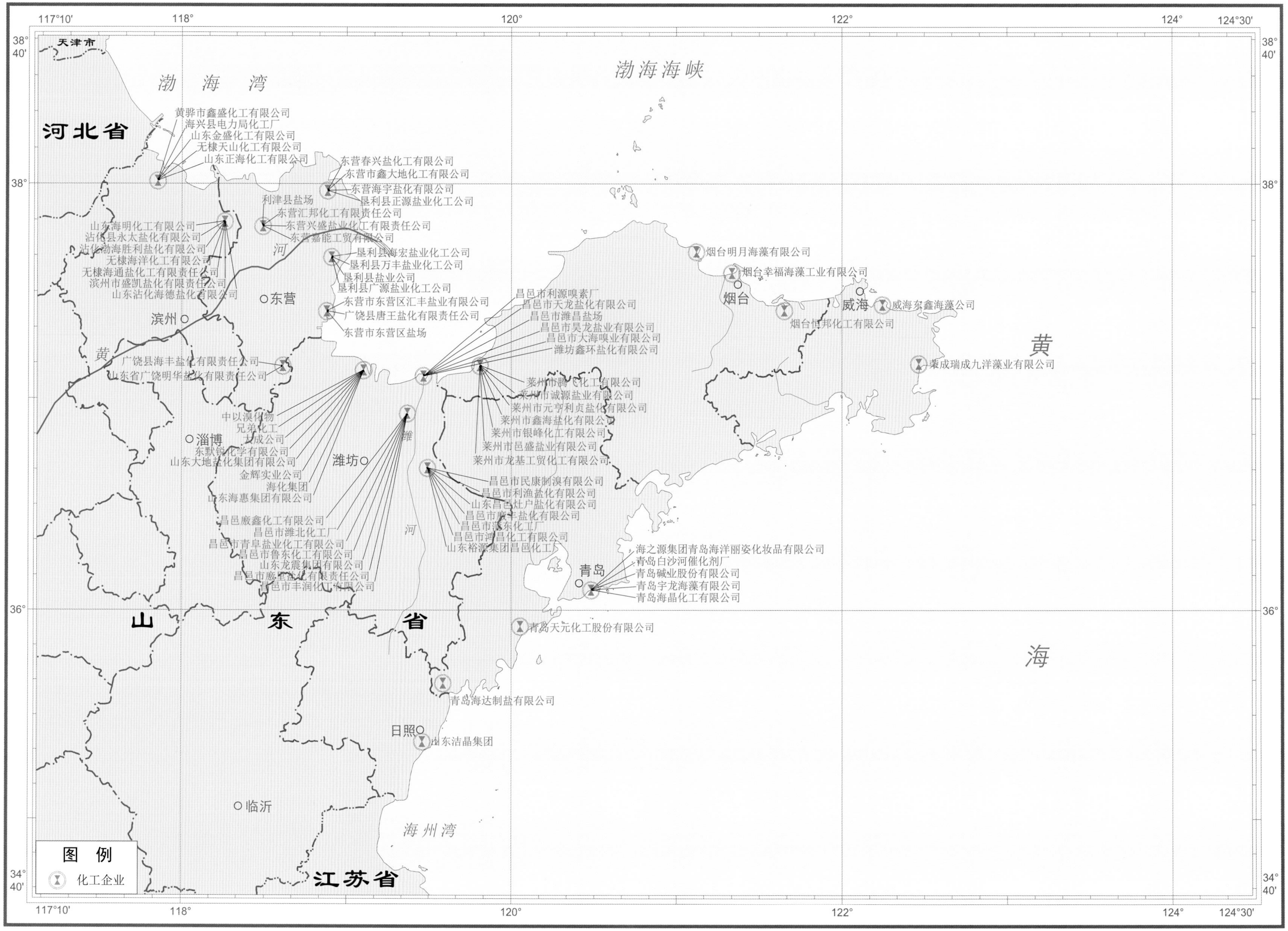

1：2 500 000（墨卡托投影　基准纬线30°）

沿海地区主要海洋化工企业分布图

2006年

江苏省、上海市、浙江省、福建省

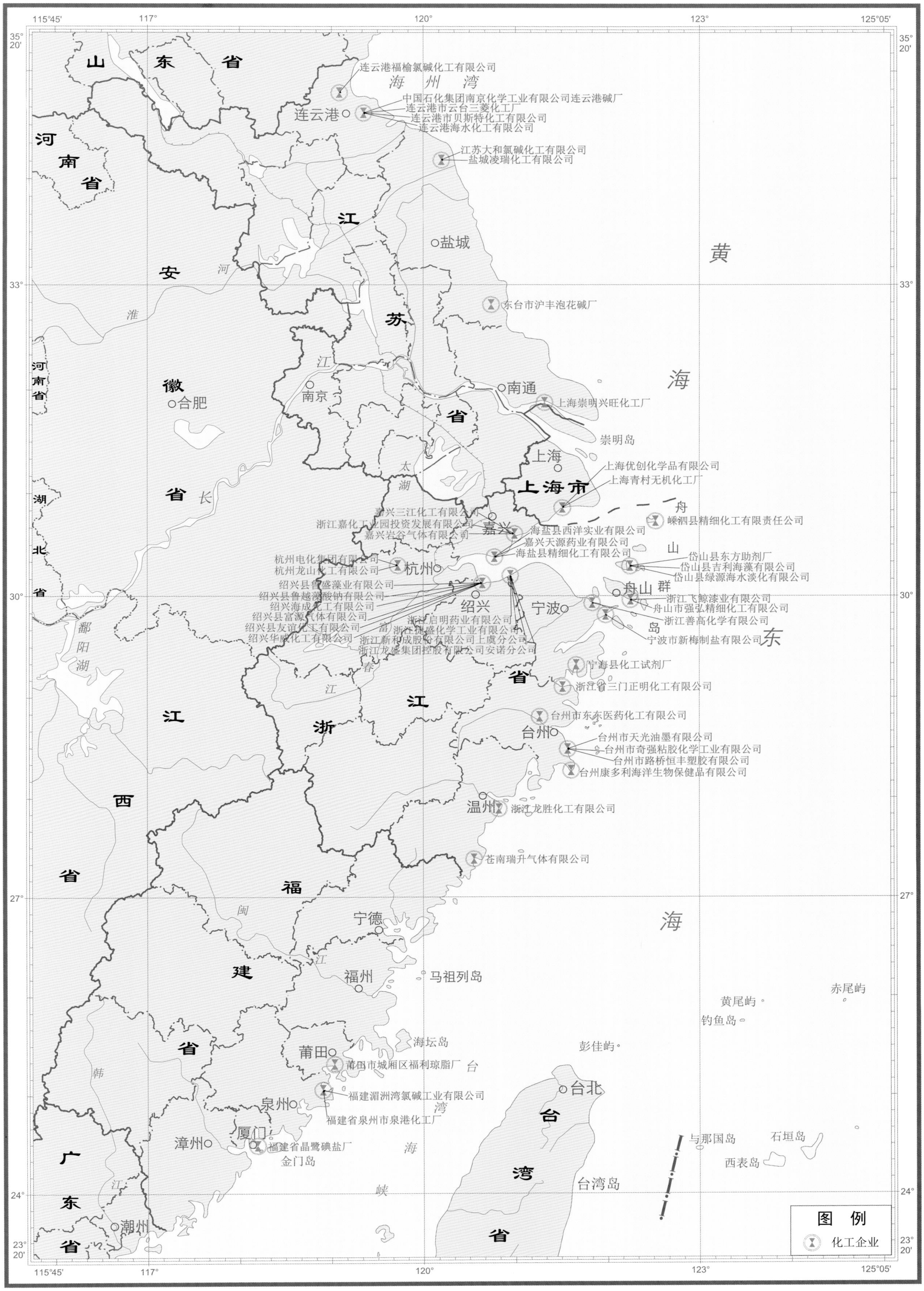

1∶4 000 000（墨卡托投影 基准纬线30°）

沿海地区主要海洋化工企业分布图

2006年

广东省、广西壮族自治区、海南省

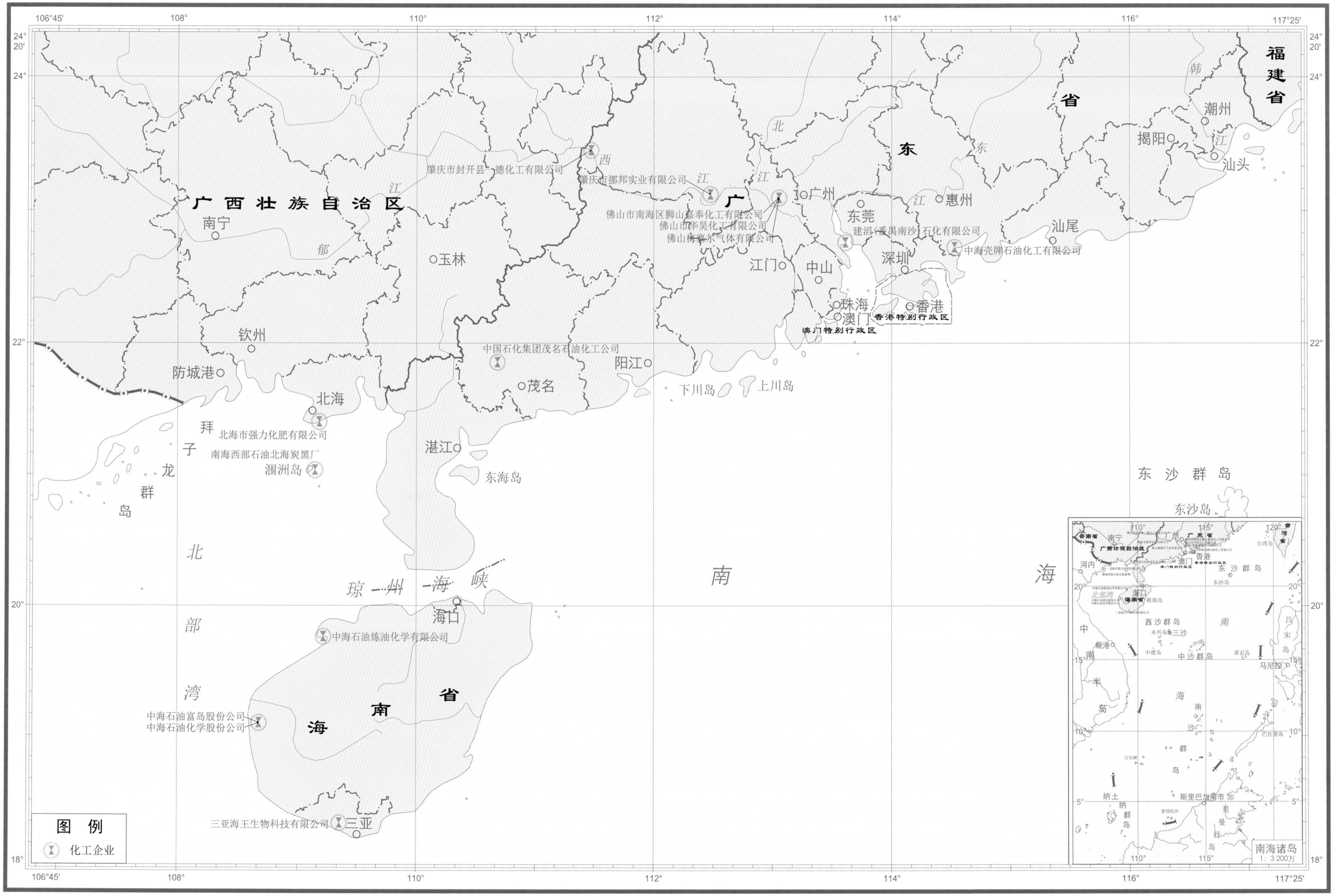
福建省
广东省
广西壮族自治区
海南省
潮州
汕头
揭阳
汕尾
惠州
广州
东莞
深圳
香港
香港特别行政区
珠海
澳门
澳门特别行政区
中山
江门
阳江
茂名
湛江
海口
三亚
南宁
玉林
钦州
防城港
北海
涠洲岛
东海岛
下川岛
上川岛
东沙群岛
东沙岛
拜子龙群岛
北部湾
琼州海峡
南海
韩江
东江
北江
西江
郁江
肇庆市封开县德化工有限公司
肇庆市挪邦实业有限公司
佛山市南海区狮山嘉泰化工有限公司
佛山市华昊化工有限公司
佛山梅塞尔气体有限公司
建滔(番禺南沙)石化有限公司
中海壳牌石油化工有限公司
中国石化集团茂名石油化工公司
北海市强力化肥有限公司
南海西部石油北海炭黑厂
中海石油炼油化学有限公司
中海石油富岛股份公司
中海石油化学股份公司
三亚海王生物科技有限公司
南海诸岛
1：3 200万
图例
化工企业
106°45'
108°
110°
112°
114°
116°
117°25'
24°20'
24°
22°
20°
18°

1：3 500 000（墨卡托投影 基准纬线21°）

沿海地区主要海洋电力企业分布图

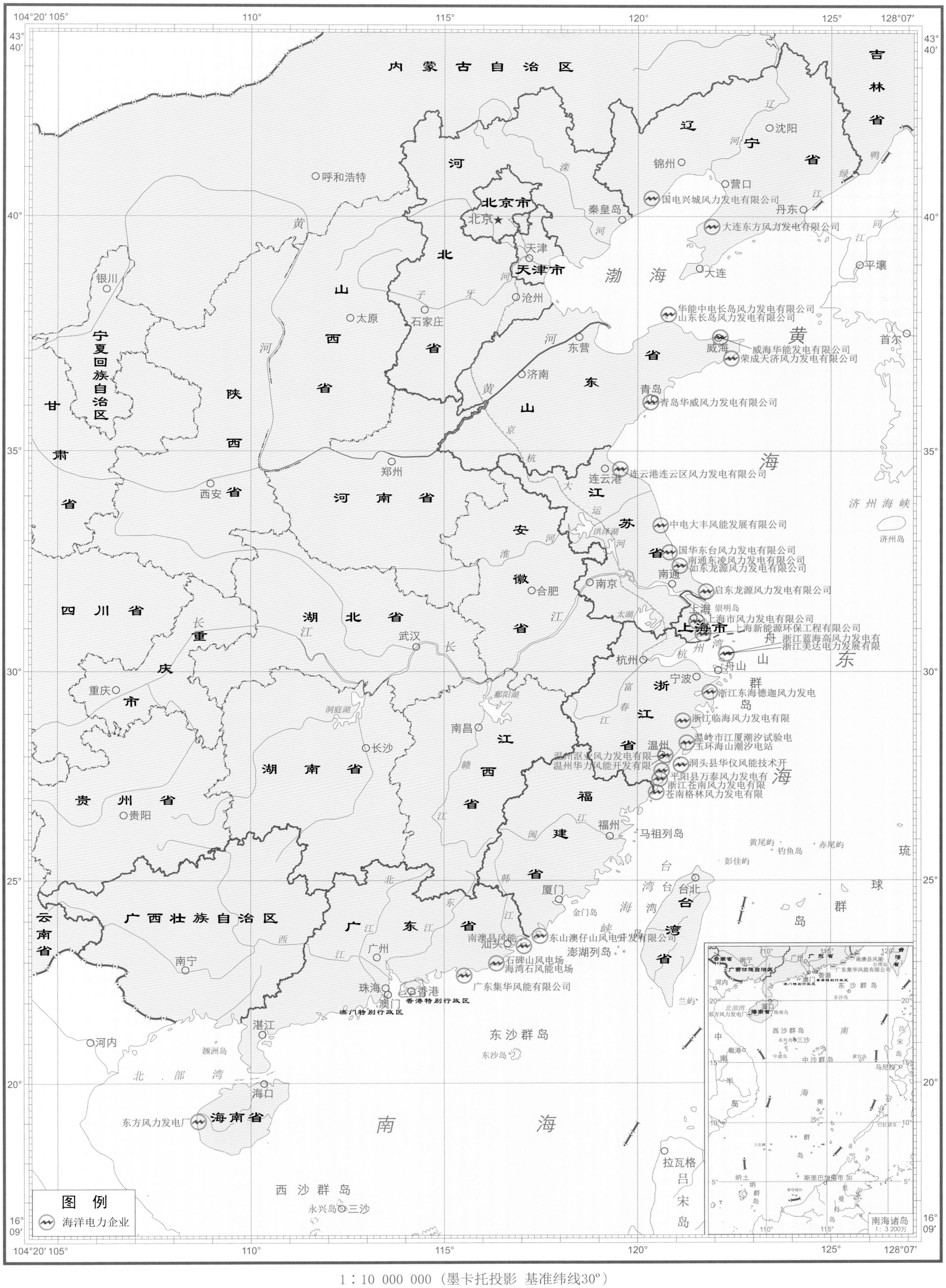

1：10 000 000（墨卡托投影 基准纬线30°）

沿海地区主要海洋生物医药企业密集程度情况图

2006年

序号	地区名称	生物医药企业（个）
1	辽宁省	2
2	河北省	2
3	天津市	7
4	山东省	10
5	江苏省	12
6	上海市	11
7	浙江省	13
8	福建省	4
9	广东省	3
10	广西壮族自治区	3
11	海南省	1
12	香港特别行政区	数据空缺
13	澳门特别行政区	数据空缺
14	台湾省	数据空缺

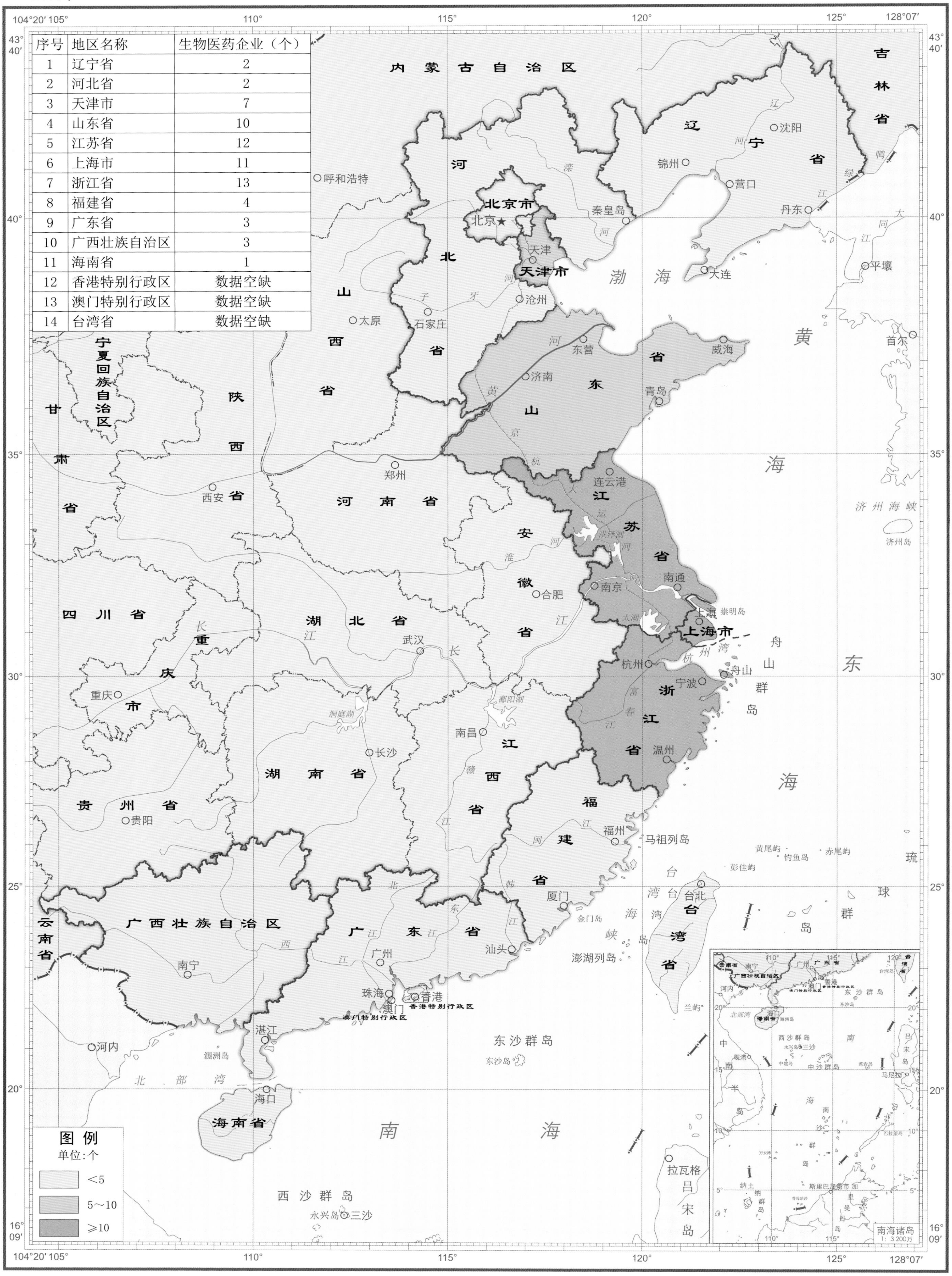

1：10 000 000（墨卡托投影 基准纬线30°）

沿海地区主要海洋生物医药企业分布图

2006年

辽宁省、河北省、天津市、山东省

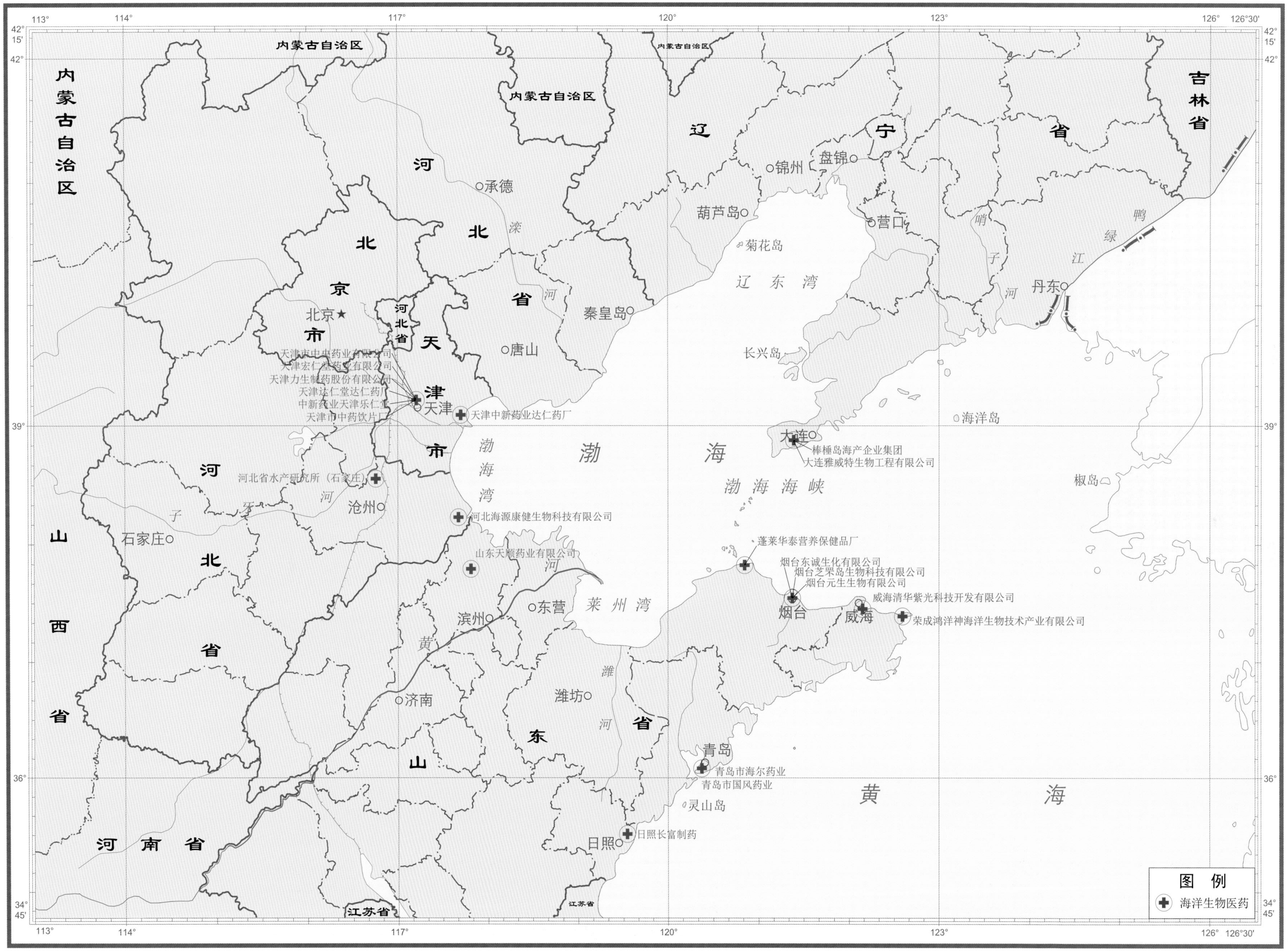

1：4 000 000 （墨卡托投影 基准纬线38°）

沿海地区主要海洋生物医药企业分布图

2006年

江苏省、上海市、浙江省、福建省

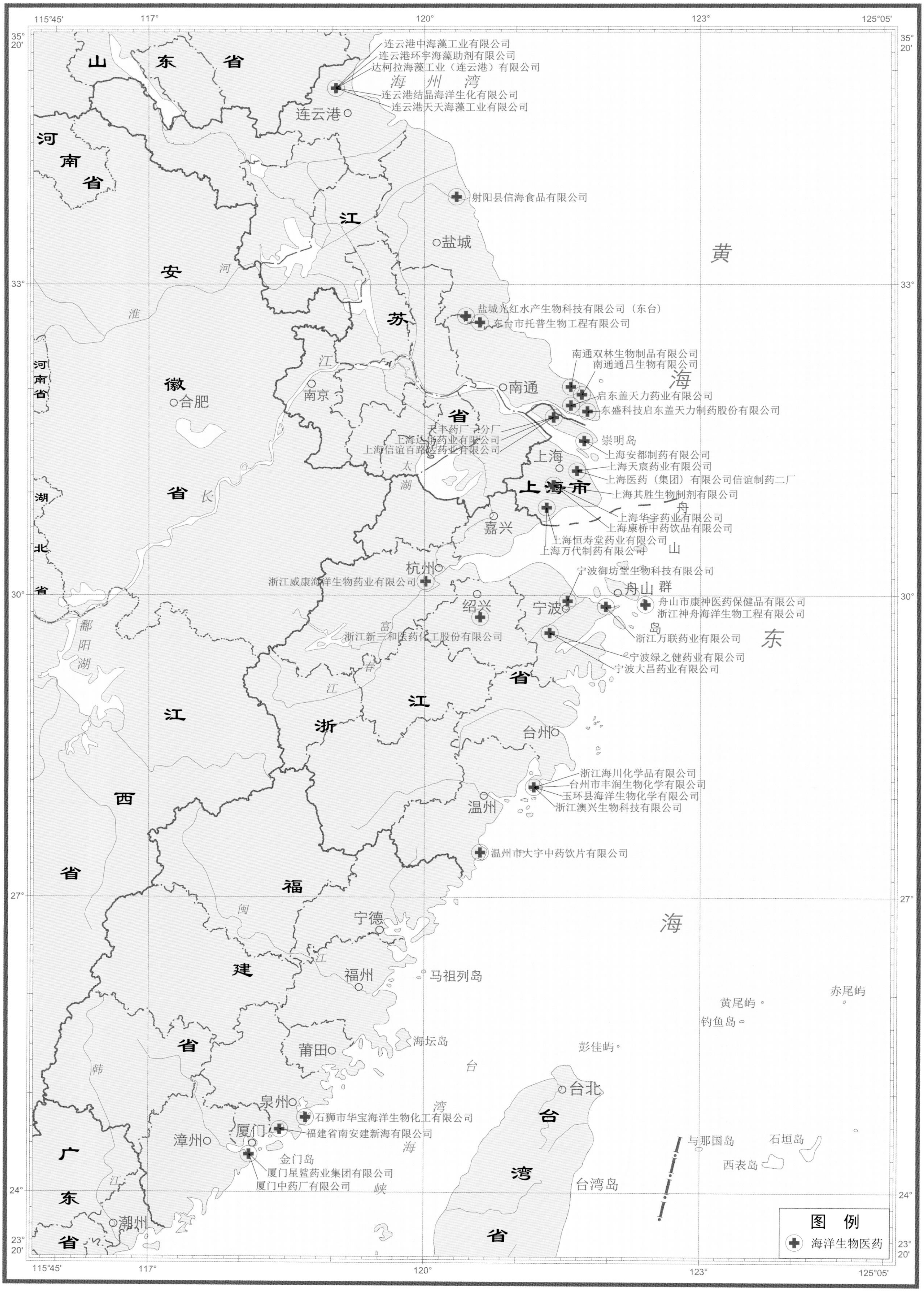

115°45'
117°
120°
123°
125°05'
35°20'
33°
30°
27°
24°
23°20'
山东省
河南省
安徽省
湖北省
江西省
江苏省
上海市
浙江省
福建省
广东省
台湾省
黄海
东海
台湾海峡
海州湾
淮河
长江
太湖
鄱阳湖
富春江
闽江
韩江
舟山群岛
连云港
盐城
南通
南京
合肥
上海
嘉兴
杭州
绍兴
宁波
舟山
台州
温州
宁德
福州
马祖列岛
莆田
海坛岛
泉州
厦门
金门岛
漳州
潮州
台北
台湾岛
崇明岛
黄尾屿
赤尾屿
钓鱼岛
彭佳屿
与那国岛
石垣岛
西表岛
连云港中海藻工业有限公司
连云港环宇海藻助剂有限公司
达柯拉海藻工业（连云港）有限公司
连云港结晶海洋生化有限公司
连云港天天海藻工业有限公司
射阳县信海食品有限公司
盐城光红水产生物科技有限公司（东台）
东台市托普生物工程有限公司
南通双林生物制品有限公司
南通通吕生物有限公司
启东盖天力药业有限公司
东盛科技启东盖天力制药股份有限公司
天丰药厂一分厂
上海达华药业有限公司
上海信谊百路达药业有限公司
上海安都制药有限公司
上海天宸药业有限公司
上海医药（集团）有限公司信谊制药二厂
上海其胜生物制剂有限公司
上海华宇药业有限公司
上海康桥中药饮品有限公司
上海恒寿堂药业有限公司
上海万代制药有限公司
宁波御坊堂生物科技有限公司
浙江威康海洋生物药业有限公司
舟山市康神医药保健品有限公司
浙江神舟海洋生物工程有限公司
浙江新三和医药化工股份有限公司
浙江万联药业有限公司
宁波绿之健药业有限公司
宁波大昌药业有限公司
浙江海川化学品有限公司
台州市丰润生物化学有限公司
玉环县海洋生物化学有限公司
浙江澳兴生物科技有限公司
温州市大宇中药饮片有限公司
石狮市华宝海洋生物化工有限公司
福建省南安建新海有限公司
厦门星鲨药业集团有限公司
厦门中药厂有限公司
图例
海洋生物医药

1：4 000 000（墨卡托投影 基准纬线30°）

沿海地区主要海洋生物医药企业分布图

2006年

广东省、广西壮族自治区、海南省

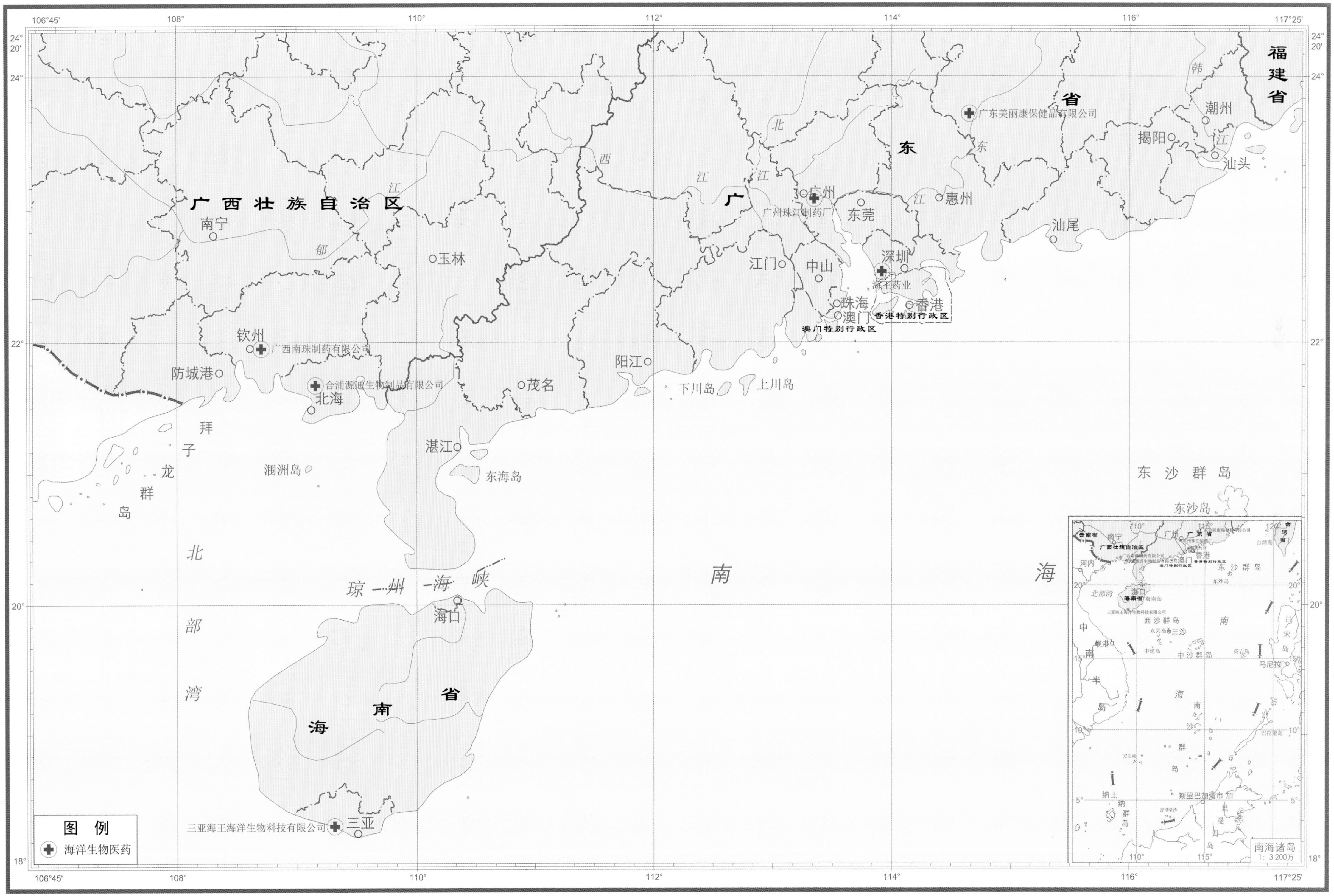
福建省
广东省
广西壮族自治区
海南省
南宁
玉林
钦州
防城港
北海
湛江
茂名
阳江
江门
中山
珠海
澳门
澳门特别行政区
深圳
香港
香港特别行政区
东莞
广州
惠州
汕尾
揭阳
潮州
汕头
海口
三亚
广东美丽康保健品有限公司
广州珠江制药厂
海王药业
广西南珠制药有限公司
合浦源通生物制品有限公司
三亚海王海洋生物科技有限公司
下川岛
上川岛
涠洲岛
东海岛
东沙群岛
东沙岛
拜子龙群岛
北部湾
琼州海峡
南海
图例
海洋生物医药
南海诸岛
1∶3 200万

1∶3 500 000（墨卡托投影 基准纬线21°）

沿海地区主要海洋工程建筑项目计划投资总额情况图

2006年

序号	地区名称	工程建筑计划投资（亿元）
1	辽宁省	132.6139
2	河北省	228.0389
3	天津市	541.0393
4	山东省	数据空缺
5	江苏省	121.6766
6	上海市	796.6537
7	浙江省	1454.6777
8	福建省	数据空缺
9	广东省	8.3800
10	广西壮族自治区	49.0130
11	海南省	99.8580
12	香港特别行政区	数据空缺
13	澳门特别行政区	数据空缺
14	台湾省	数据空缺

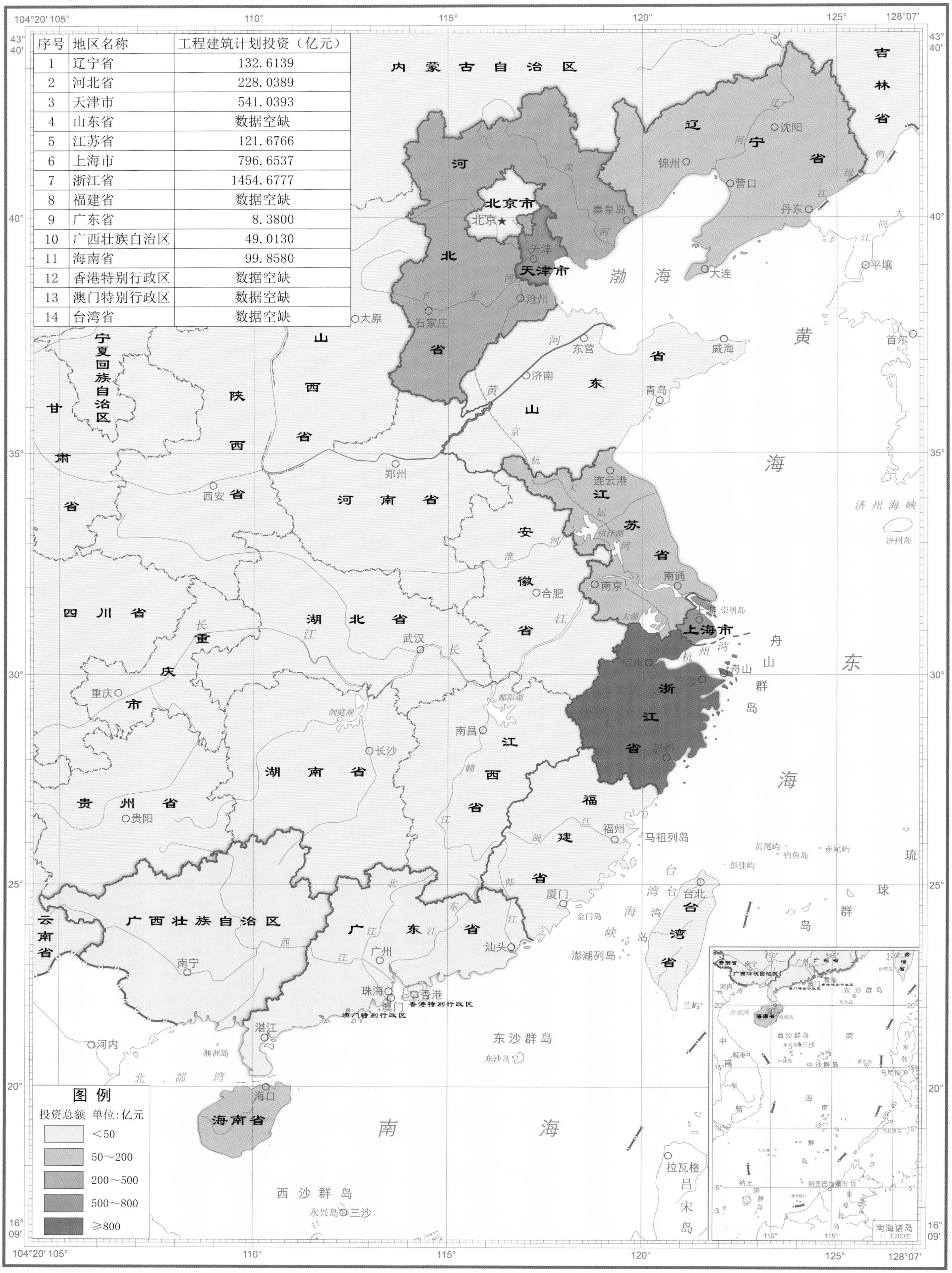

图 例
投资总额 单位:亿元
<50
50～200
200～500
500～800
≥800
内蒙古自治区
吉林省
辽宁省
河北省
北京市
天津市
山东省
江苏省
上海市
浙江省
福建省
广东省
广西壮族自治区
海南省
台湾省
香港特别行政区
澳门特别行政区
渤海
黄海
东海
南海
东沙群岛
西沙群岛
南海诸岛
1：3 200万

1：10 000 000（墨卡托投影 基准纬线30°）

沿海地区主要海洋工程建筑项目分布图

2006年

辽宁省、河北省、天津市、山东省

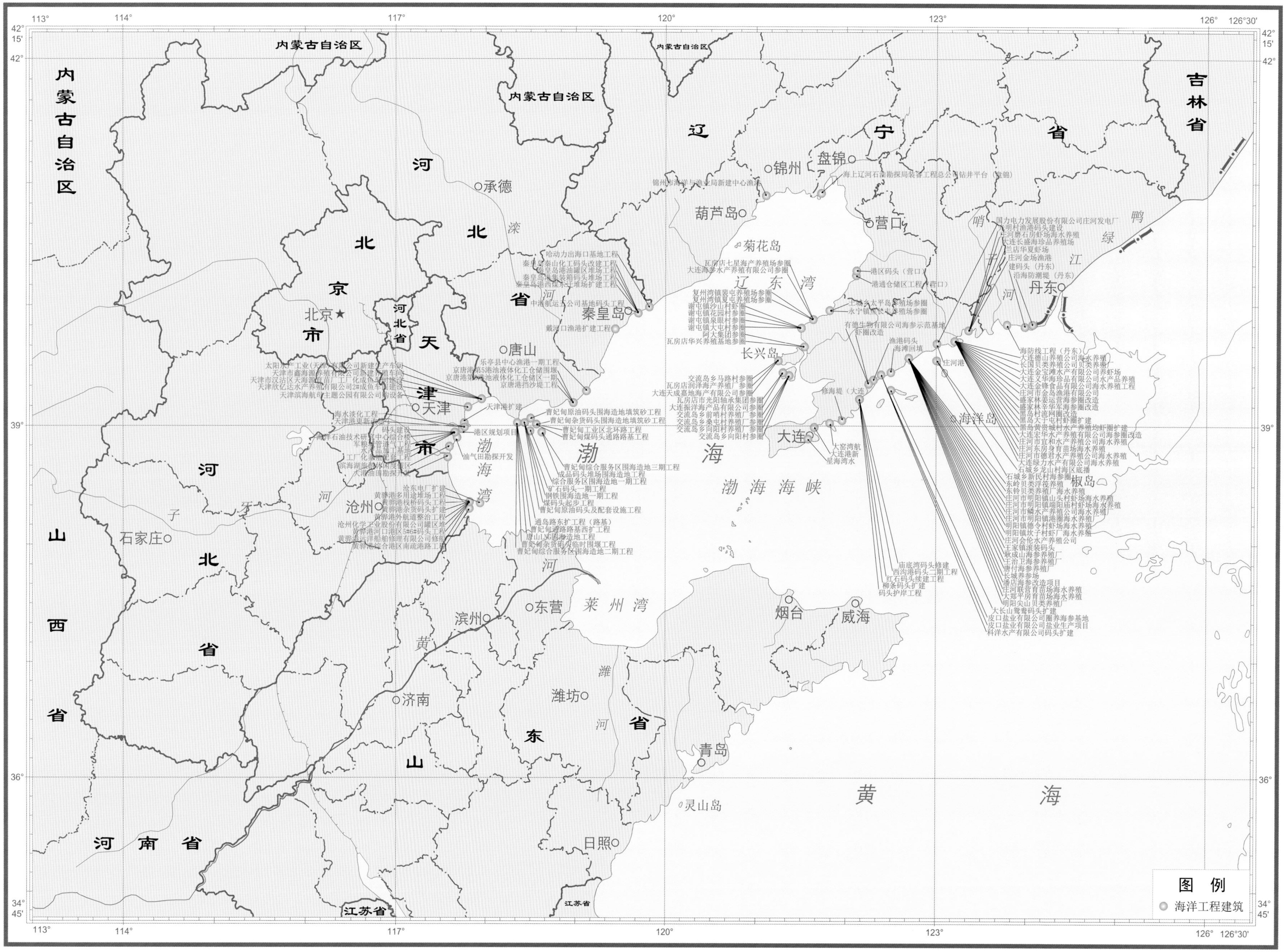
内蒙古自治区
吉林省
辽宁省
河北省
北京市
天津市
山西省
山东省
河南省
江苏省
北京
天津
承德
唐山
秦皇岛
沧州
石家庄
锦州
盘锦
葫芦岛
菊花岛
营口
长兴岛
大连
丹东
海洋岛
獐岛
东营
滨州
济南
潍坊
烟台
威海
青岛
灵山岛
日照
渤海
渤海海峡
辽东湾
渤海湾
莱州湾
黄海
鸭绿江
黄河
滦河
潍河
子牙河
图例
海洋工程建筑

1：4 000 000 （墨卡托投影 基准纬线38º）

沿海地区主要海洋工程建筑项目分布图

2006年

江苏省、上海市、浙江省、福建省

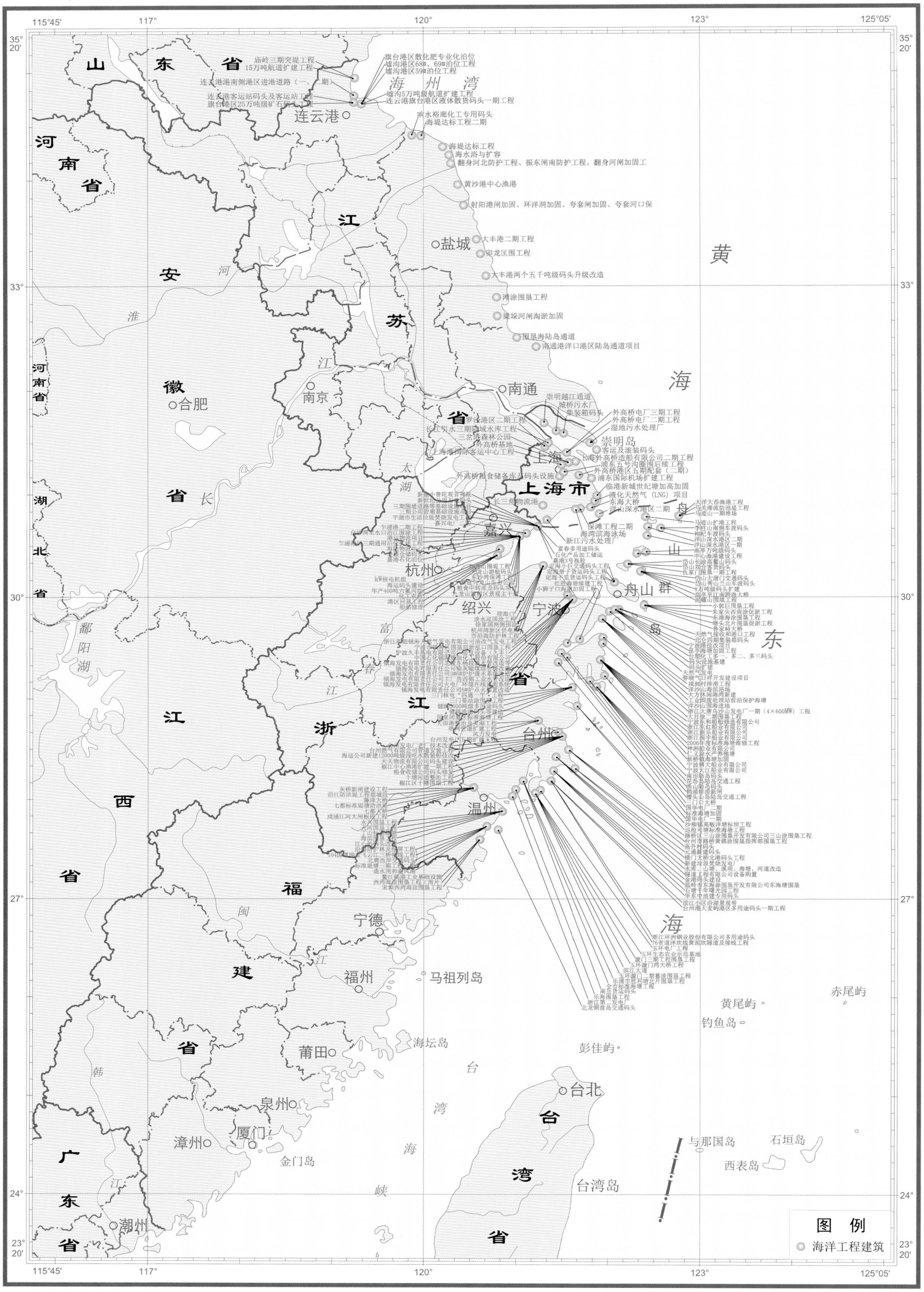

1∶4 000 000（墨卡托投影 基准纬线30°）

沿海地区主要海洋工程建筑项目分布图

2006年

广东省、广西壮族自治区、海南省

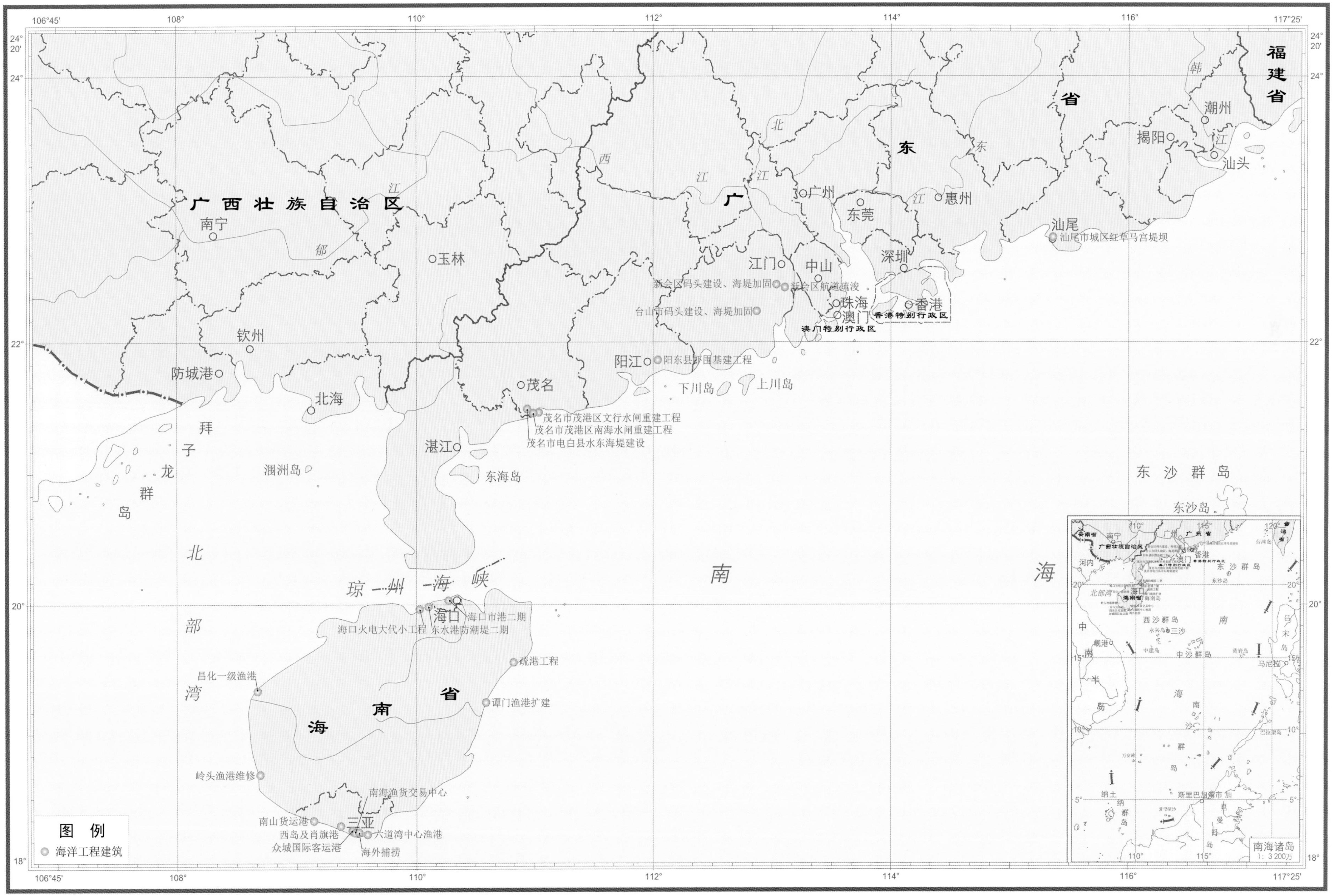
福建省
广东省
广西壮族自治区
海南省
潮州
揭阳
汕头
汕尾
汕尾市城区红草马宫堤坝
惠州
东莞
深圳
广州
中山
江门
珠海
澳门
香港
香港特别行政区
澳门特别行政区
新会区码头建设、海堤加固
新会区航道疏浚
台山市码头建设、海堤加固
阳江
阳东县护围基建工程
下川岛
上川岛
茂名
茂名市茂港区文行水闸重建工程
茂名市茂港区南海水闸重建工程
茂名市电白县水东海堤建设
湛江
东海岛
玉林
南宁
钦州
防城港
北海
涠洲岛
拜子龙群岛
北部湾
琼州海峡
海口
海口市港二期
海口火电大代小工程
东水港防潮堤二期
琉港工程
谭门渔港扩建
昌化一级渔港
岭头渔港维修
南海渔货交易中心
三亚
南山货运港
西岛及肖旗港
众城国际客运港
六道湾中心渔港
海外捕捞
南海
东沙群岛
东沙岛
南海诸岛
1:3 200万
图例
海洋工程建筑

1:3 500 000（墨卡托投影 基准纬线21°）

沿海地区主要海水利用企业密集程度情况图

2006年

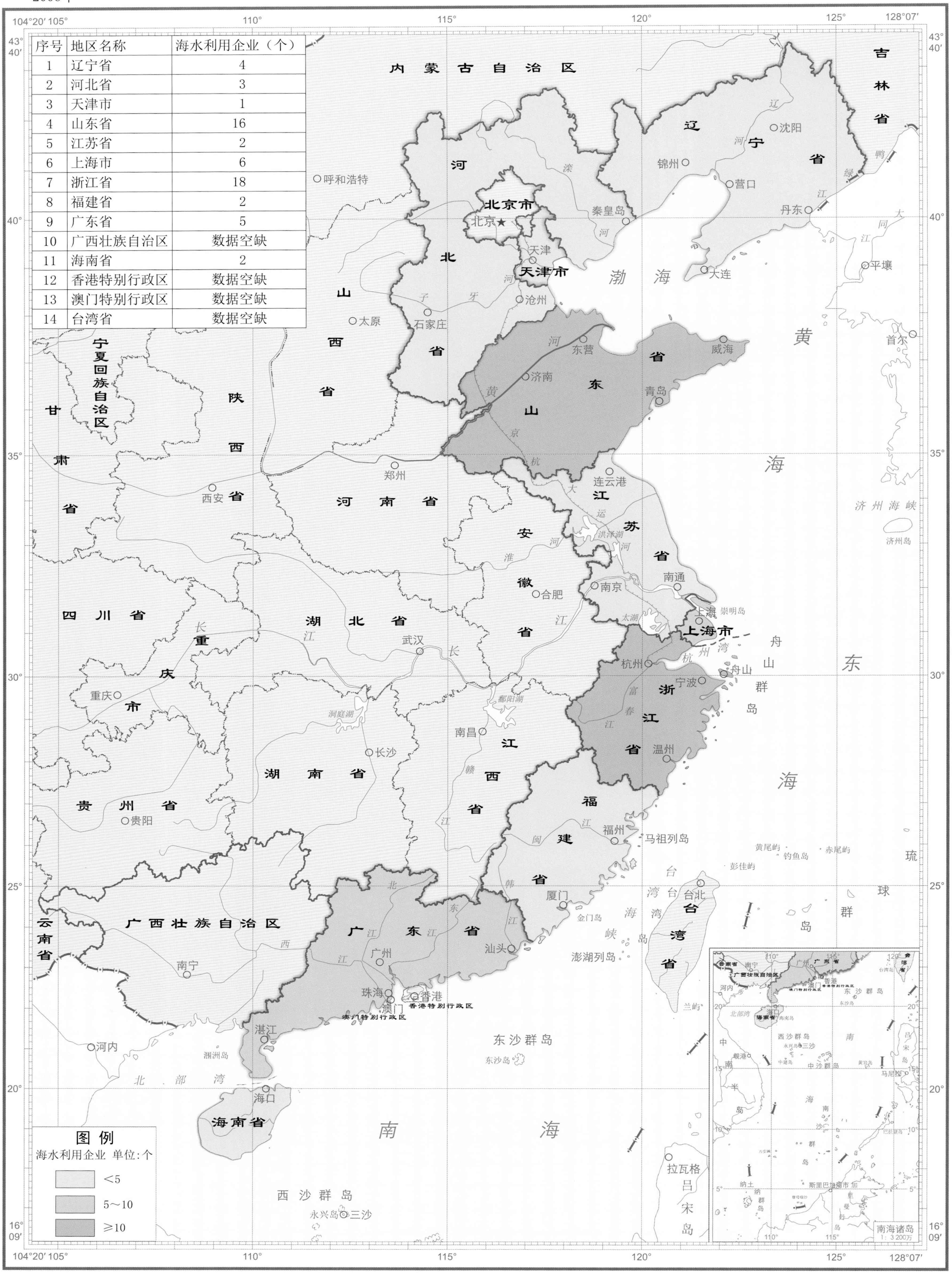

序号	地区名称	海水利用企业（个）
1	辽宁省	4
2	河北省	3
3	天津市	1
4	山东省	16
5	江苏省	2
6	上海市	6
7	浙江省	18
8	福建省	2
9	广东省	5
10	广西壮族自治区	数据空缺
11	海南省	2
12	香港特别行政区	数据空缺
13	澳门特别行政区	数据空缺
14	台湾省	数据空缺

图例

海水利用企业 单位：个

- <5
- 5～10
- ≥10

1∶10 000 000（墨卡托投影 基准纬线30°）

沿海地区主要海水利用企业分布图

2006年

辽宁省、河北省、天津市、山东省

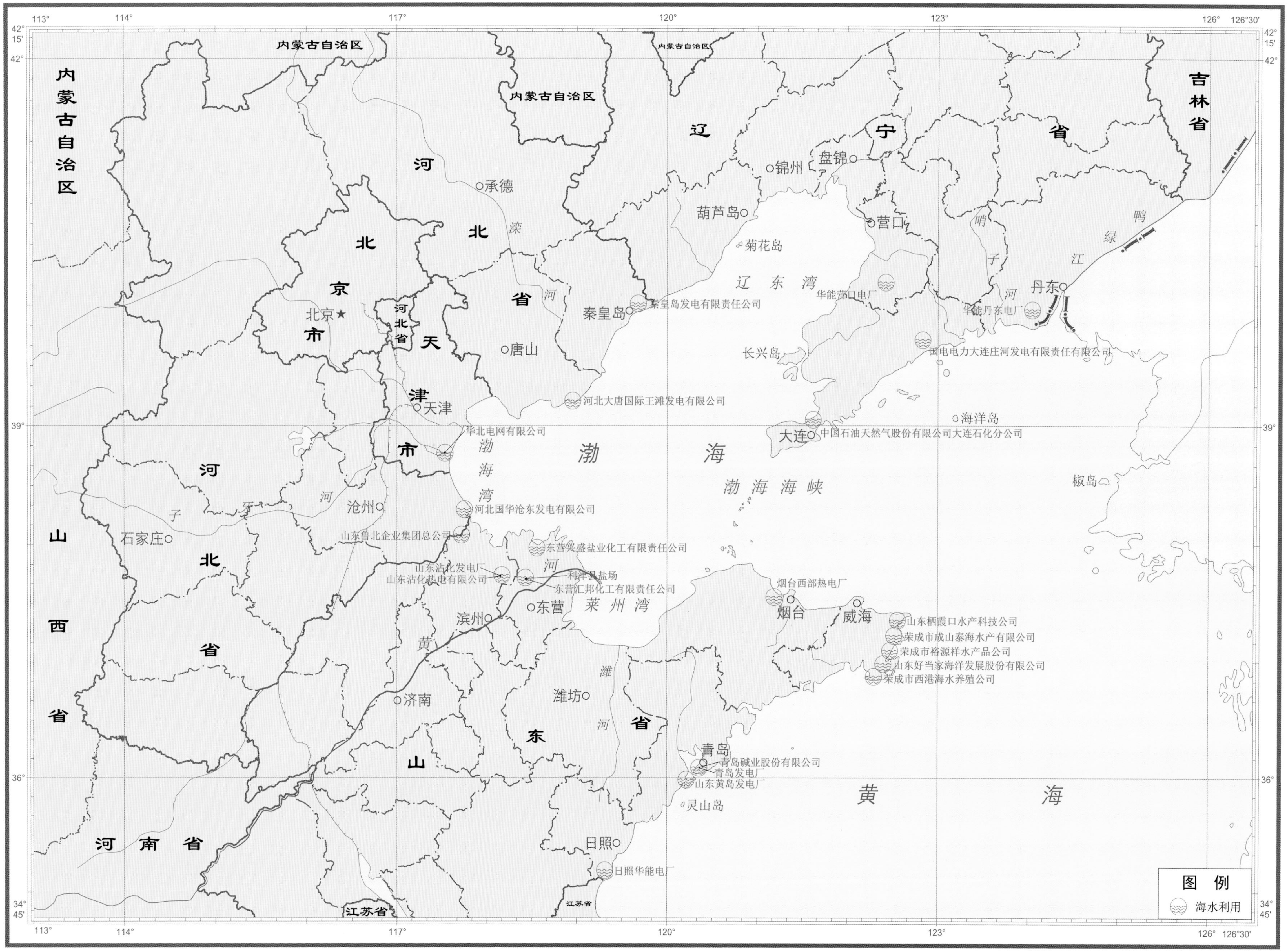

1：4 000 000 （墨卡托投影 基准纬线38°）

沿海地区主要海水利用企业分布图

2006年

江苏省、上海市、浙江省、福建省

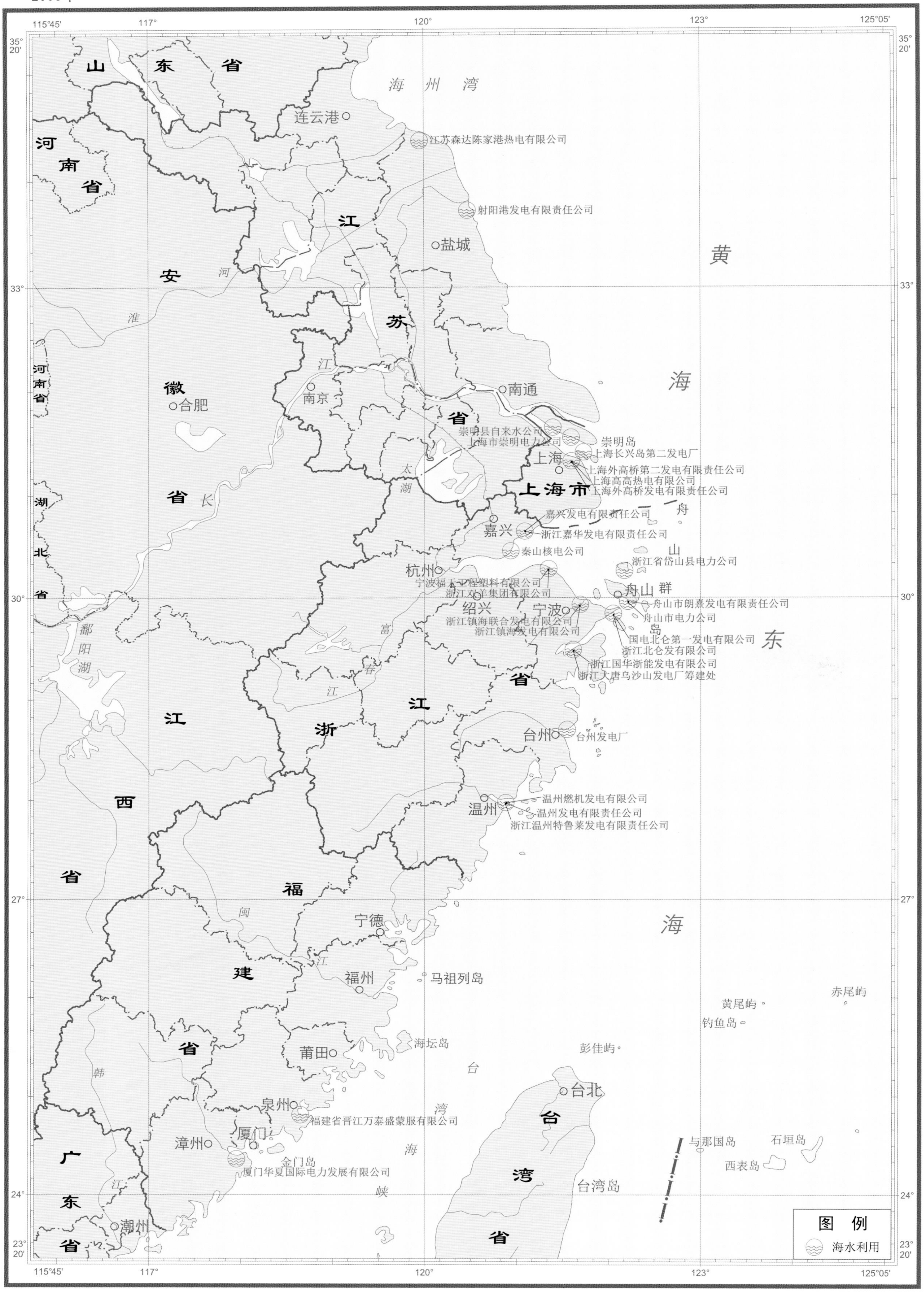
115°45'
117°
120°
123°
125°05'
35° 20'
33°
30°
27°
24°
23° 20'
山 东 省
河 南 省
安 徽 省
江 苏 省
上海市
浙 江 省
江 西 省
福 建 省
广 东 省
湖 北 省
台 湾 省
海 州 湾
黄 海
东 海
台 湾 海 峡
淮 河
长 江
太 湖
鄱 阳 湖
富 春 江
闽 江
韩 江
舟 山 群 岛
连云港
江苏森达陈家港热电有限公司
射阳港发电有限责任公司
盐城
南京
合肥
南通
崇明县自来水公司
上海市崇明电力公司
崇明岛
上海长兴岛第二发电厂
上海
上海外高桥第二发电有限责任公司
上海高高热电有限公司
上海外高桥发电有限责任公司
嘉兴
嘉兴发电有限责任公司
浙江嘉华发电有限责任公司
秦山核电公司
浙江省岱山县电力公司
杭州
宁波福天工程塑料有限公司
浙江双羊集团有限公司
绍兴
宁波
舟山
舟山市朗熹发电有限责任公司
舟山市电力公司
浙江镇海联合发电有限公司
浙江镇海发电有限公司
国电北仑第一发电有限公司
浙江北仑发有限公司
浙江国华浙能发电有限公司
浙江大唐乌沙山发电厂筹建处
台州
台州发电厂
温州
温州燃机发电有限公司
温州发电有限责任公司
浙江温州特鲁莱发电有限责任公司
宁德
福州
马祖列岛
莆田
海坛岛
泉州
福建省晋江万泰盛蒙服有限公司
漳州
厦门
金门岛
厦门华夏国际电力发展有限公司
潮州
台北
台湾岛
彭佳屿
钓鱼岛
黄尾屿
赤尾屿
与那国岛
石垣岛
西表岛
图 例
海水利用

1：4 000 000（墨卡托投影 基准纬线30°）

沿海地区主要海水利用企业分布图

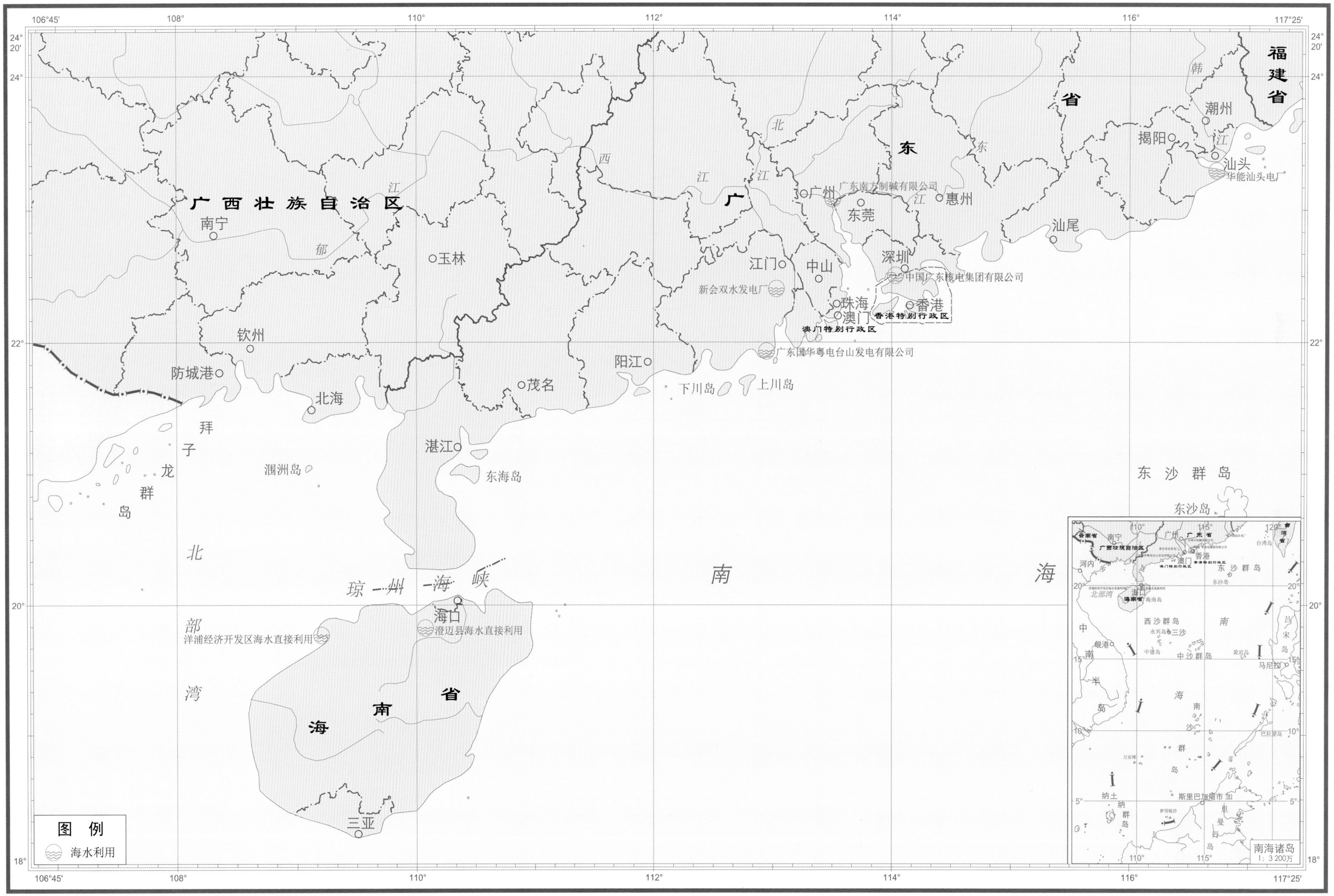
福建省
广东省
广西壮族自治区
海南省
潮州
揭阳
汕头
华能汕头电厂
汕尾
惠州
广州
广东南方制碱有限公司
东莞
深圳
中国广东核电集团有限公司
香港
香港特别行政区
珠海
澳门
澳门特别行政区
中山
江门
新会双水发电厂
广东国华粤电台山发电有限公司
阳江
下川岛
上川岛
茂名
湛江
东海岛
玉林
南宁
钦州
防城港
北海
涠洲岛
拜子龙群岛
北部湾
琼州海峡
海口
澄迈县海水直接利用
洋浦经济开发区海水直接利用
三亚
南海
东沙群岛
东沙岛
图例
海水利用
南海诸岛
1：3 200万

1：3 500 000（墨卡托投影 基准纬线21°）

沿海地区主要海水淡化企业分布图

2006年

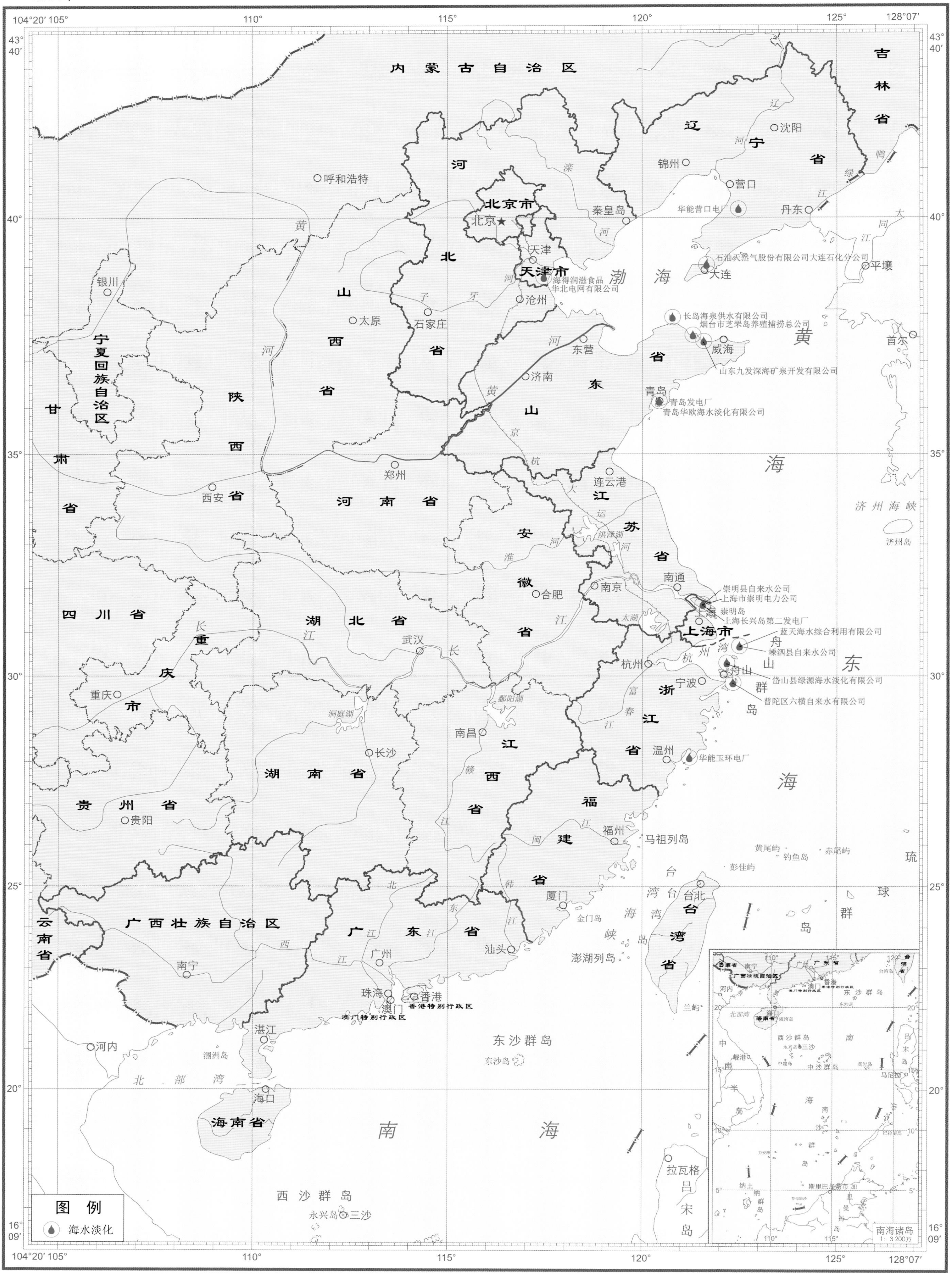

1∶10 000 000（墨卡托投影 基准纬线30°）

沿海地区主要海洋船舶企业密集程度情况图

2006年

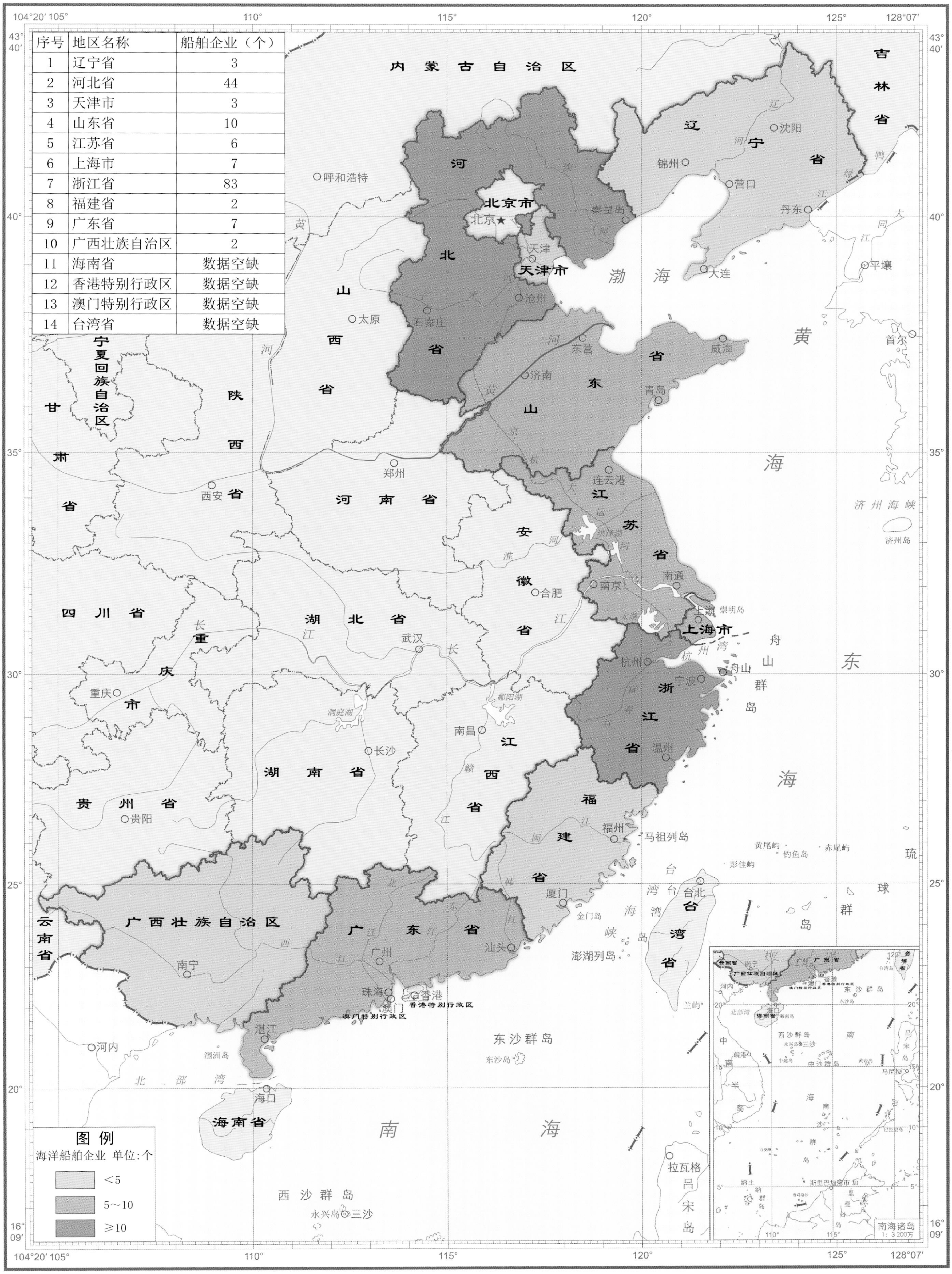

序号	地区名称	船舶企业（个）
1	辽宁省	3
2	河北省	44
3	天津市	3
4	山东省	10
5	江苏省	6
6	上海市	7
7	浙江省	83
8	福建省	2
9	广东省	7
10	广西壮族自治区	2
11	海南省	数据空缺
12	香港特别行政区	数据空缺
13	澳门特别行政区	数据空缺
14	台湾省	数据空缺

1：10 000 000（墨卡托投影 基准纬线30°）

沿海地区主要海洋船舶企业分布图

2006年

辽宁省、河北省、天津市、山东省

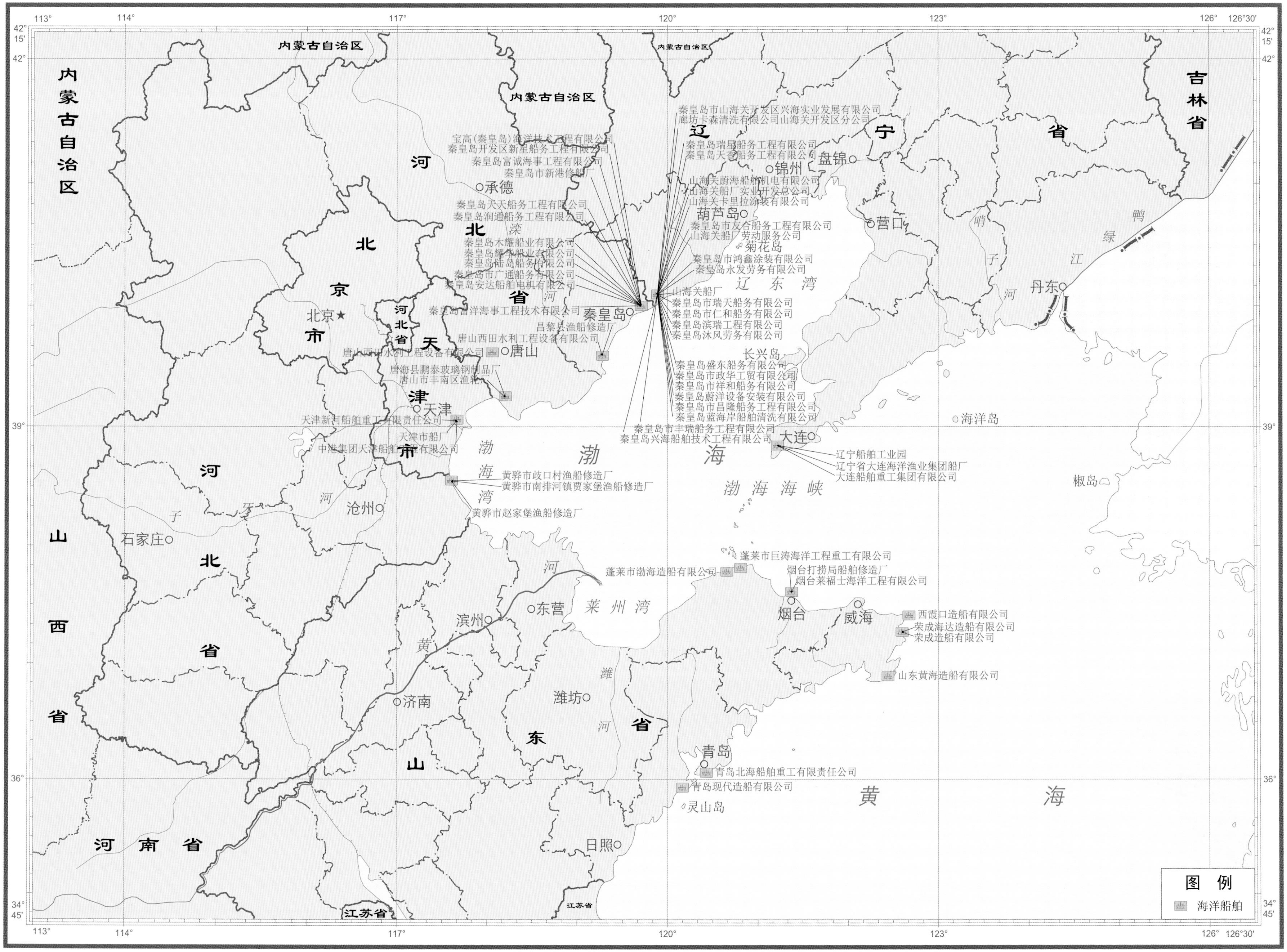
秦皇岛市山海关开发区兴海实业发展有限公司
廊坊卡森清洗有限公司山海关开发区分公司
秦皇岛瑞星船务工程有限公司
秦皇岛天台船务工程有限公司
山海关蔚海船舶机电有限公司
山海关船厂实业开发总公司
山海关卡里拉涂装有限公司
秦皇岛市友合船务工程有限公司
山海关船厂劳动服务公司
秦皇岛市鸿鑫涂装有限公司
秦皇岛永发劳务有限公司
山海关船厂
秦皇岛市瑞天船务有限公司
秦皇岛市仁和船务有限公司
秦皇岛滨瑞工程有限公司
秦皇岛沐风劳务有限公司
秦皇岛盛东船务有限公司
秦皇岛市政华工贸有限公司
秦皇岛市祥和船务有限公司
秦皇岛蔚洋设备安装有限公司
秦皇岛市昌隆船务工程有限公司
秦皇岛蓝海岸船舶清洗有限公司
秦皇岛市丰瑞船务工程有限公司
秦皇岛兴海船舶技术工程有限公司
秦皇岛开发区新星船务工程有限公司
秦皇岛富诚海事工程有限公司
秦皇岛市新港修船厂
秦皇岛天天船务工程有限公司
秦皇岛润通船务工程有限公司
秦皇岛木耀船业有限公司
秦皇岛市广通船务有限公司
秦皇岛安达船舶电机有限公司
昌黎县渔船修造厂
唐山西田水利工程设备有限公司
唐海县鹏泰玻璃钢制品厂
唐山市丰南区渔船厂
天津新河船舶重工有限责任公司
天津市船厂
中港集团天津船舶有限公司
黄骅市歧口村渔船修造厂
黄骅市南排河镇贾家堡渔船修造厂
黄骅市赵家堡渔船修造厂
辽宁船舶工业园
辽宁省大连海洋渔业集团船厂
大连船舶重工集团有限公司
蓬莱市巨涛海洋工程重工有限公司
蓬莱市渤海造船有限公司
烟台打捞局船舶修造厂
烟台莱福士海洋工程有限公司
西霞口造船有限公司
荣成海达造船有限公司
荣成造船有限公司
山东黄海造船有限公司
青岛北海船舶重工有限责任公司
青岛现代造船有限公司
内蒙古自治区
吉林省
辽宁省
河北省
北京市
天津市
山西省
山东省
河南省
江苏省
渤海
渤海湾
辽东湾
莱州湾
渤海海峡
黄海
承德
北京
唐山
秦皇岛
天津
沧州
石家庄
葫芦岛
锦州
盘锦
营口
丹东
大连
烟台
威海
东营
滨州
济南
潍坊
青岛
日照
长兴岛
菊花岛
海洋岛
椒岛
灵山岛
图例
海洋船舶

1∶4 000 000 （墨卡托投影 基准纬线38°）

沿海地区主要海洋船舶企业分布图

2006年

江苏省、上海市、浙江省、福建省

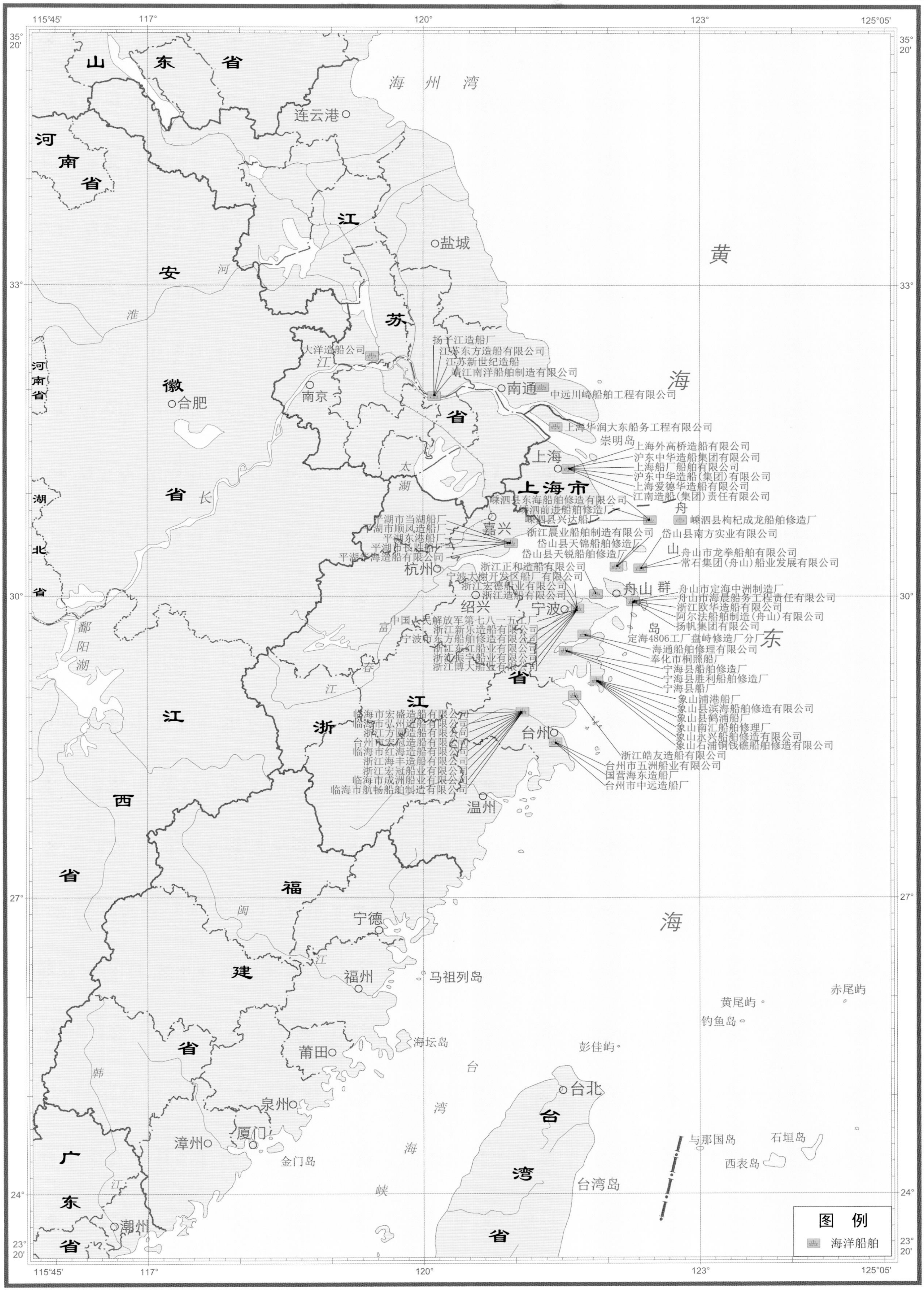

1：4 000 000（墨卡托投影 基准纬线30°）

沿海地区主要海洋船舶企业分布图

2006年

广东省、广西壮族自治区、海南省

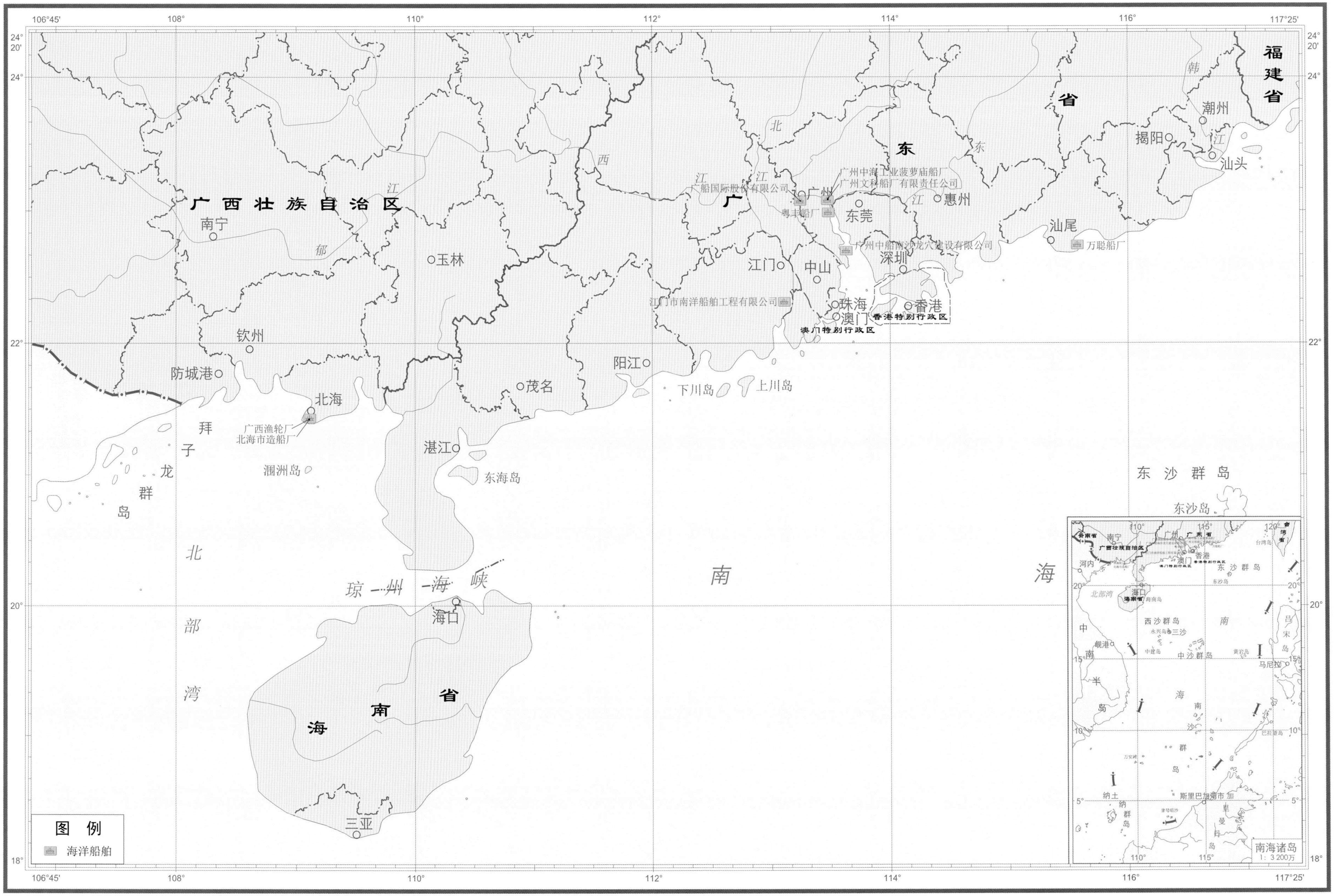

1∶3 500 000（墨卡托投影 基准纬线21°）

沿海地区海水养殖产量情况图

2006年

序号	地区名称	海水养殖产量（吨）
1	辽宁省	2 223 919
2	河北省	304 765
3	天津市	16 457
4	山东省	3 735 008
5	江苏省	606 369
6	上海市	417
7	浙江省	886 147
8	福建省	3 118 800
9	广东省	2 419 536
10	广西壮族自治区	929 735
11	海南省	215 246
12	香港特别行政区	数据空缺
13	澳门特别行政区	数据空缺
14	台湾省	数据空缺

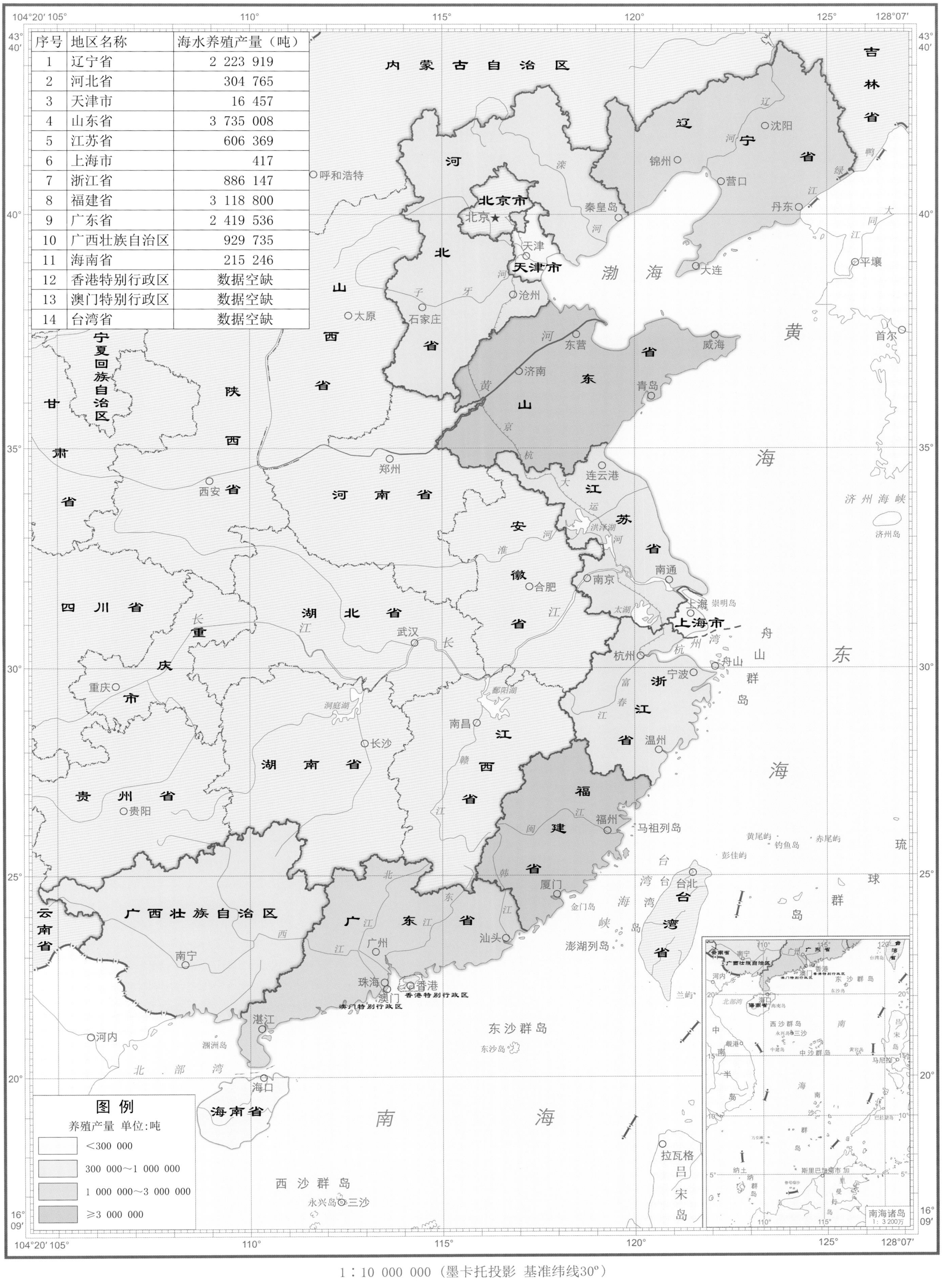

图 例
养殖产量 单位:吨
<300 000
300 000～1 000 000
1 000 000～3 000 000
≥3 000 000
内蒙古自治区
吉林省
辽宁省
河北省
北京市
天津市
山东省
江苏省
上海市
浙江省
福建省
广东省
广西壮族自治区
海南省
台湾省
山西省
陕西省
河南省
安徽省
湖北省
湖南省
江西省
四川省
重庆市
贵州省
云南省
甘肃省
宁夏回族自治区
香港特别行政区
澳门特别行政区
渤海
黄海
东海
南海
东沙群岛
西沙群岛
舟山群岛
南海诸岛

1∶10 000 000（墨卡托投影 基准纬线30°）

沿海地带海水养殖产量情况图

2006年

辽宁省、河北省、天津市、山东省

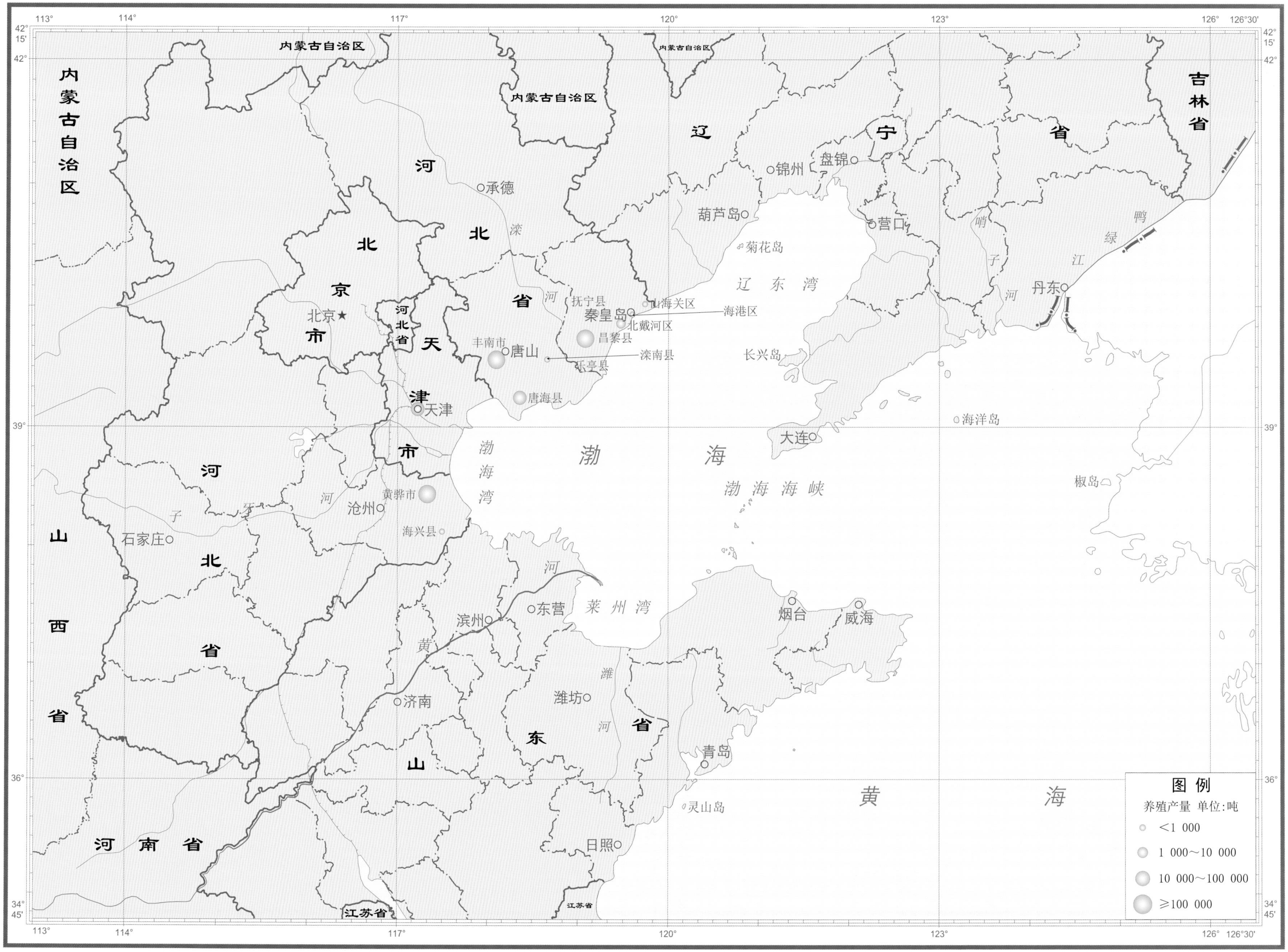
内蒙古自治区
吉林省
辽宁省
河北省
北京市
北京
天津市
天津
河北省
山西省
河南省
山东省
江苏省
承德
葫芦岛
锦州
盘锦
营口
丹东
秦皇岛
抚宁县
山海关区
海港区
北戴河区
昌黎县
滦南县
乐亭县
丰南市
唐山
唐海县
黄骅市
沧州
海兴县
石家庄
东营
滨州
济南
潍坊
烟台
威海
青岛
日照
大连
长兴岛
菊花岛
海洋岛
椒岛
灵山岛
辽东湾
渤海湾
渤海
渤海海峡
莱州湾
黄海
鸭绿江
哨子河
滦河
子牙河
黄河
潍河
图例
养殖产量 单位:吨
<1 000
1 000~10 000
10 000~100 000
≥100 000

1∶4 000 000 （墨卡托投影 基准纬线38°）

沿海地带海水养殖产量情况图

2006年

江苏省、上海市、浙江省、福建省

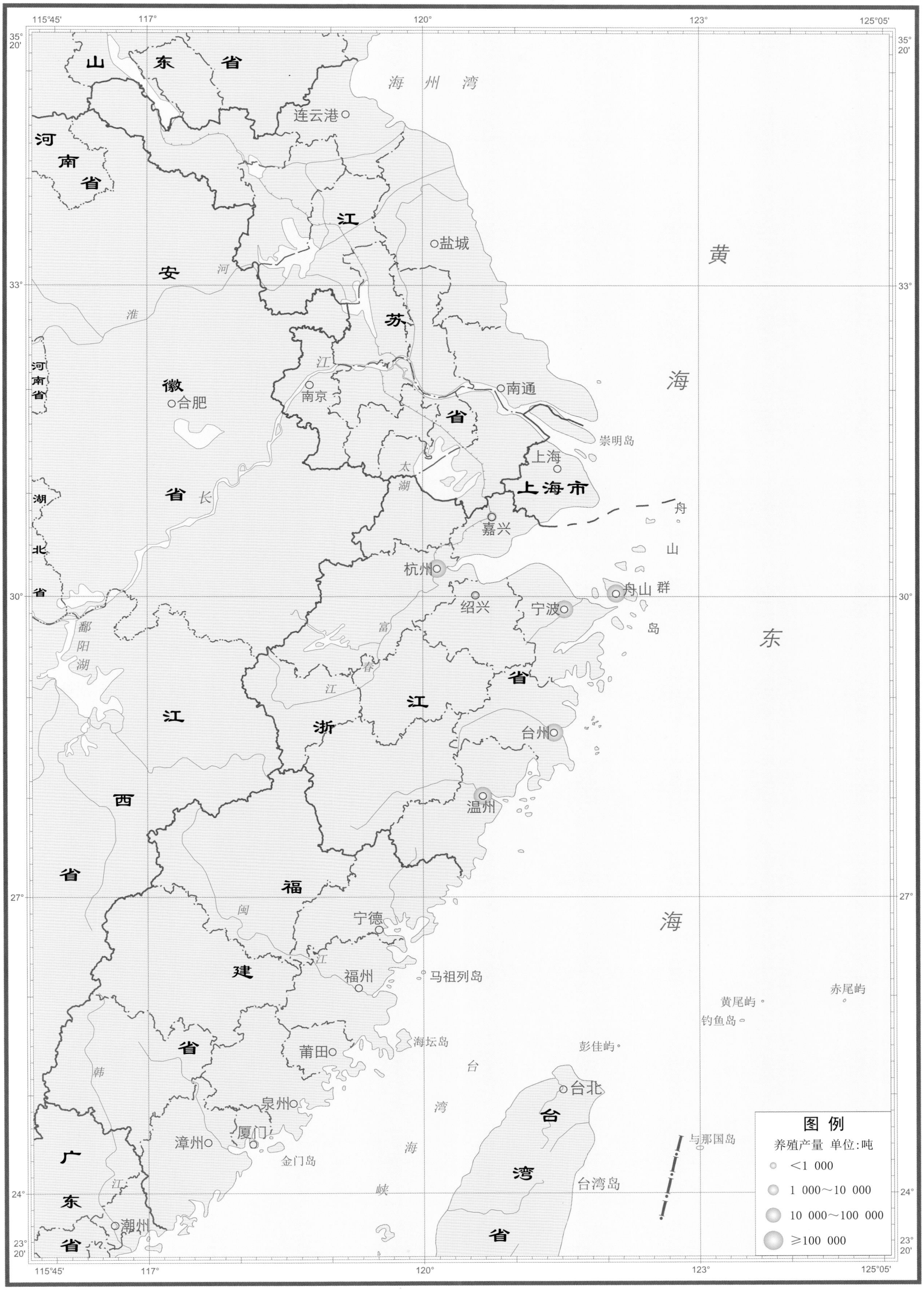

山东省
河南省
江苏省
安徽省
上海市
浙江省
江西省
福建省
广东省
台湾省
海州湾
黄海
东海
台湾海峡
连云港
盐城
南通
南京
合肥
崇明岛
上海
嘉兴
杭州
绍兴
宁波
舟山群岛
台州
温州
宁德
福州
马祖列岛
海坛岛
莆田
泉州
厦门
金门岛
漳州
潮州
台北
台湾岛
与那国岛
黄尾屿
赤尾屿
钓鱼岛
彭佳屿
淮河
长江
太湖
鄱阳湖
富春江
闽江
韩江
图例
养殖产量 单位:吨
<1 000
1 000～10 000
10 000～100 000
≥100 000

1∶4 000 000（墨卡托投影 基准纬线30°）

沿海地带海水养殖产量情况图

2006年

广东省、广西壮族自治区、海南省

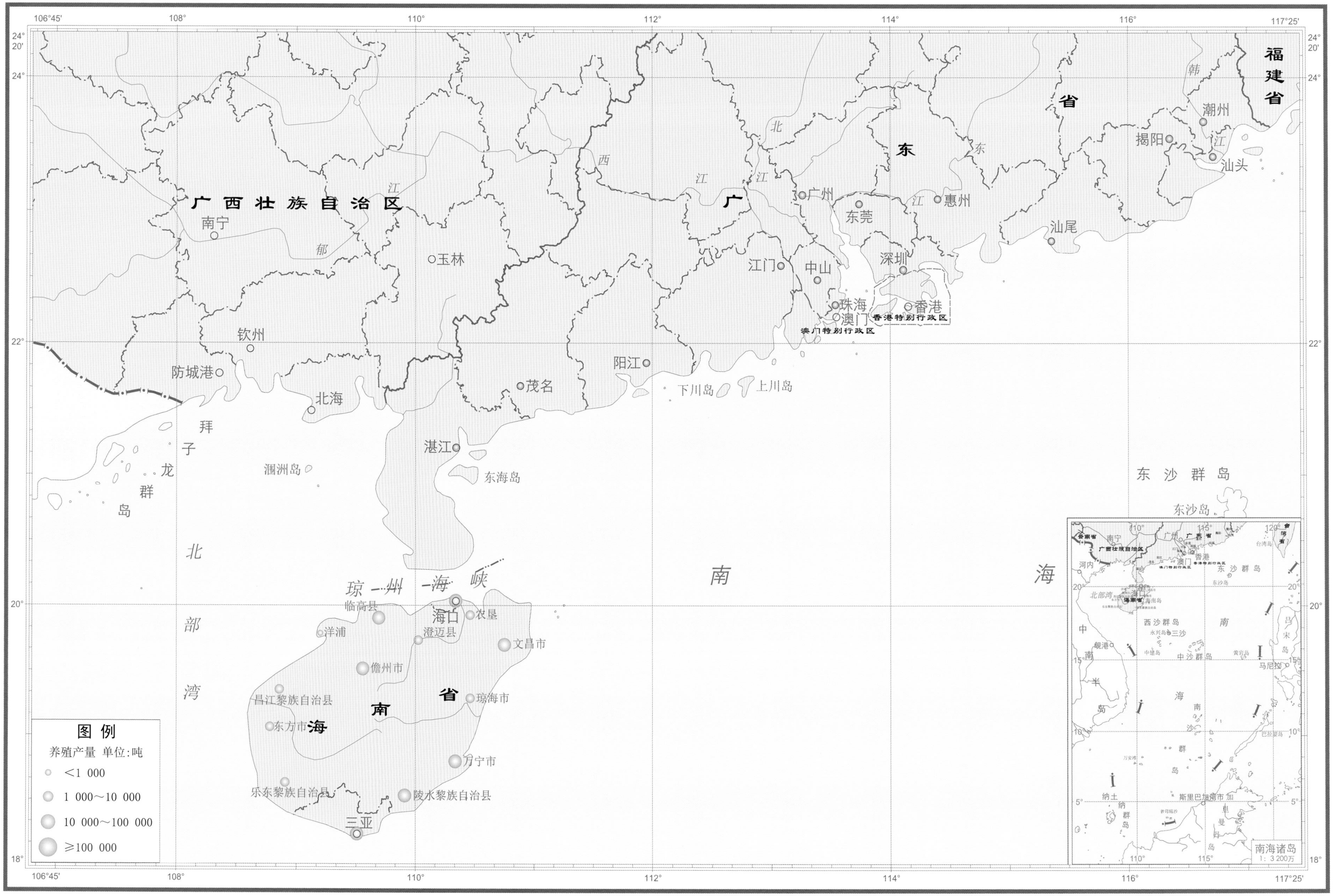
福建省
广东省
广西壮族自治区
海南省
潮州
揭阳
汕头
汕尾
惠州
东莞
深圳
广州
香港
香港特别行政区
珠海
澳门
澳门特别行政区
中山
江门
阳江
茂名
湛江
玉林
南宁
钦州
防城港
北海
下川岛
上川岛
东海岛
涠洲岛
拜子龙群岛
东沙群岛
东沙岛
北部湾
南海
琼州海峡
海口
临高县
澄迈县
文昌市
洋浦
儋州市
昌江黎族自治县
琼海市
东方市
万宁市
乐东黎族自治县
陵水黎族自治县
三亚
图例
养殖产量 单位:吨
<1 000
1 000~10 000
10 000~100 000
≥100 000
南海诸岛
1:3 200万

1∶3 500 000（墨卡托投影 基准纬线21°）

沿海地区远洋捕捞产量情况图

2006年

序号	地区名称	远洋捕捞产量（吨）
1	辽宁省	182 974
2	河北省	48 302
3	天津市	10 820
4	山东省	数据空缺
5	江苏省	数据空缺
6	上海市	162 950
7	浙江省	503 255
8	福建省	数据空缺
9	广东省	76 939
10	广西壮族自治区	46 907
11	海南省	1 165 104
12	香港特别行政区	数据空缺
13	澳门特别行政区	数据空缺
14	台湾省	数据空缺

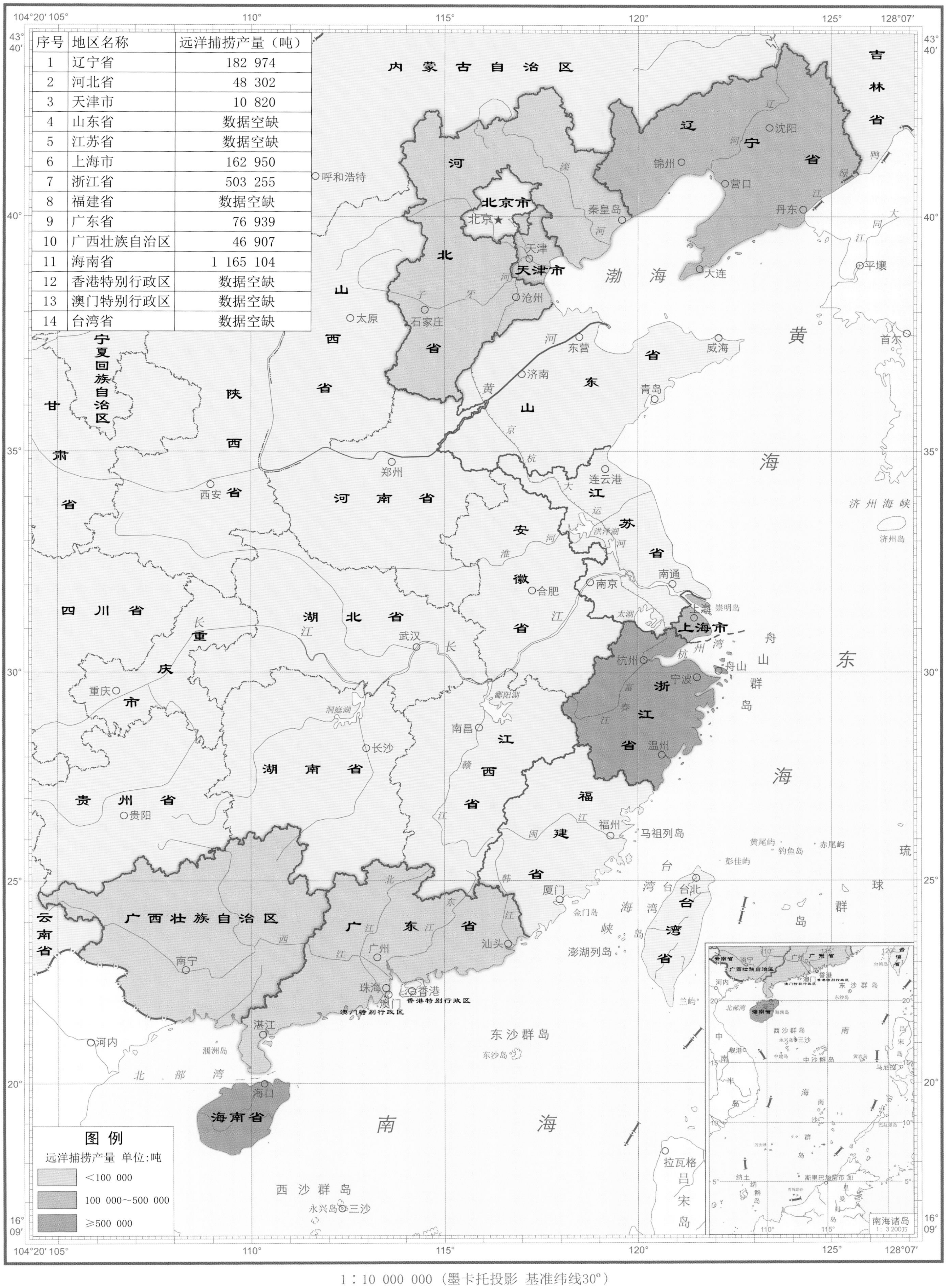

1：10 000 000（墨卡托投影 基准纬线30°）

沿海地带远洋捕捞产量情况图

2006年

辽宁省、河北省、天津市、山东省

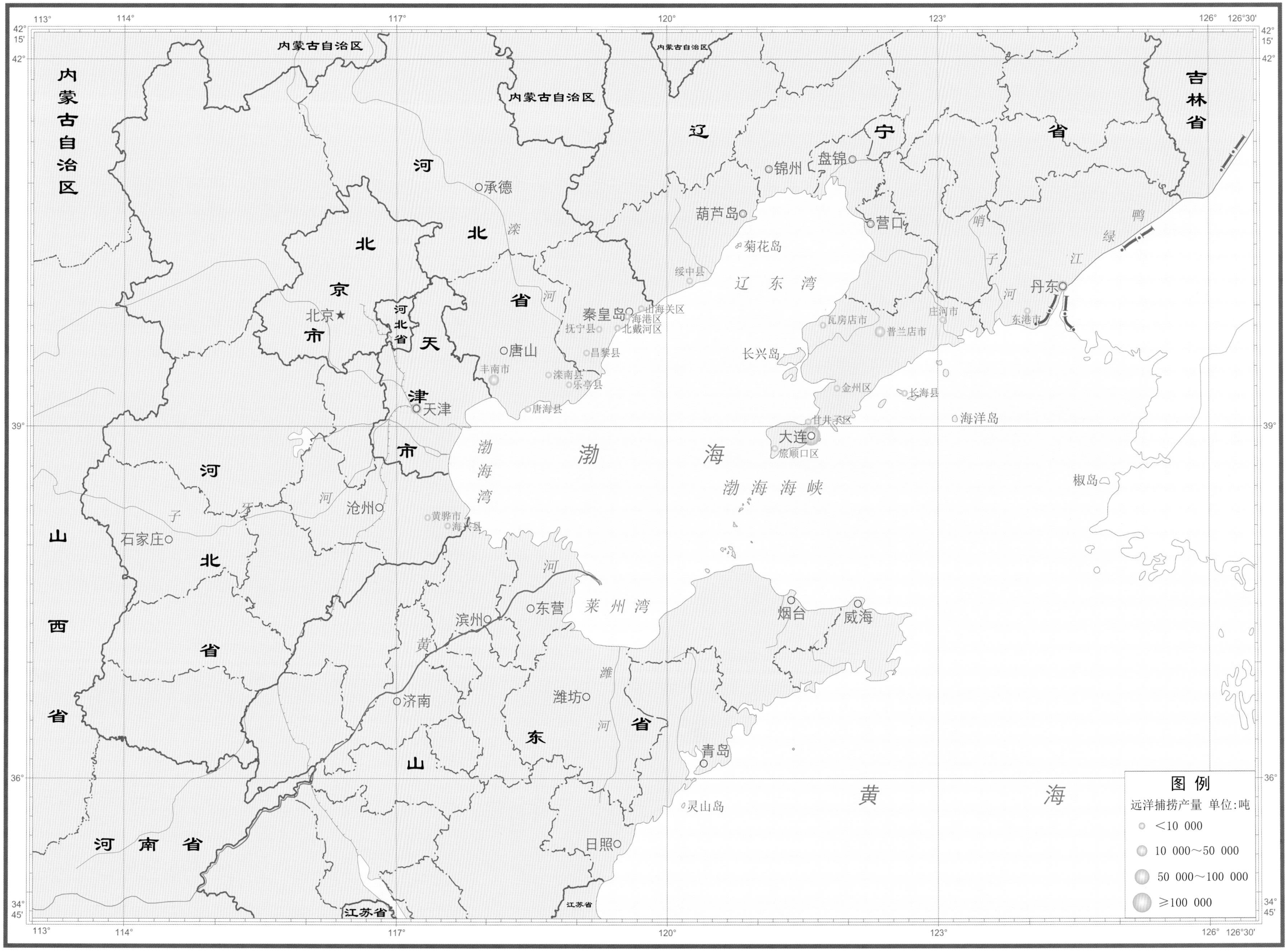
内蒙古自治区
吉林省
辽宁省
河北省
北京市
北京
天津市
天津
山西省
山东省
河南省
江苏省
承德
唐山
丰南市
秦皇岛
山海关区
海港区
北戴河区
抚宁县
昌黎县
滦南县
乐亭县
唐海县
沧州
黄骅市
海兴县
石家庄
锦州
盘锦
葫芦岛
菊花岛
绥中县
营口
瓦房店市
普兰店市
庄河市
东港市
丹东
长兴岛
金州区
长海县
海洋岛
甘井子区
大连
旅顺口区
椒岛
东营
滨州
济南
潍坊
烟台
威海
青岛
灵山岛
日照
辽东湾
渤海
渤海湾
莱州湾
渤海海峡
黄海
鸭绿江
哨子河
滦河
子牙河
黄河
潍河
图例
远洋捕捞产量 单位:吨
<10 000
10 000~50 000
50 000~100 000
≥100 000

1：4 000 000 （墨卡托投影 基准纬线38°）

沿海地带远洋捕捞产量情况图

2006年

江苏省、上海市、浙江省、福建省

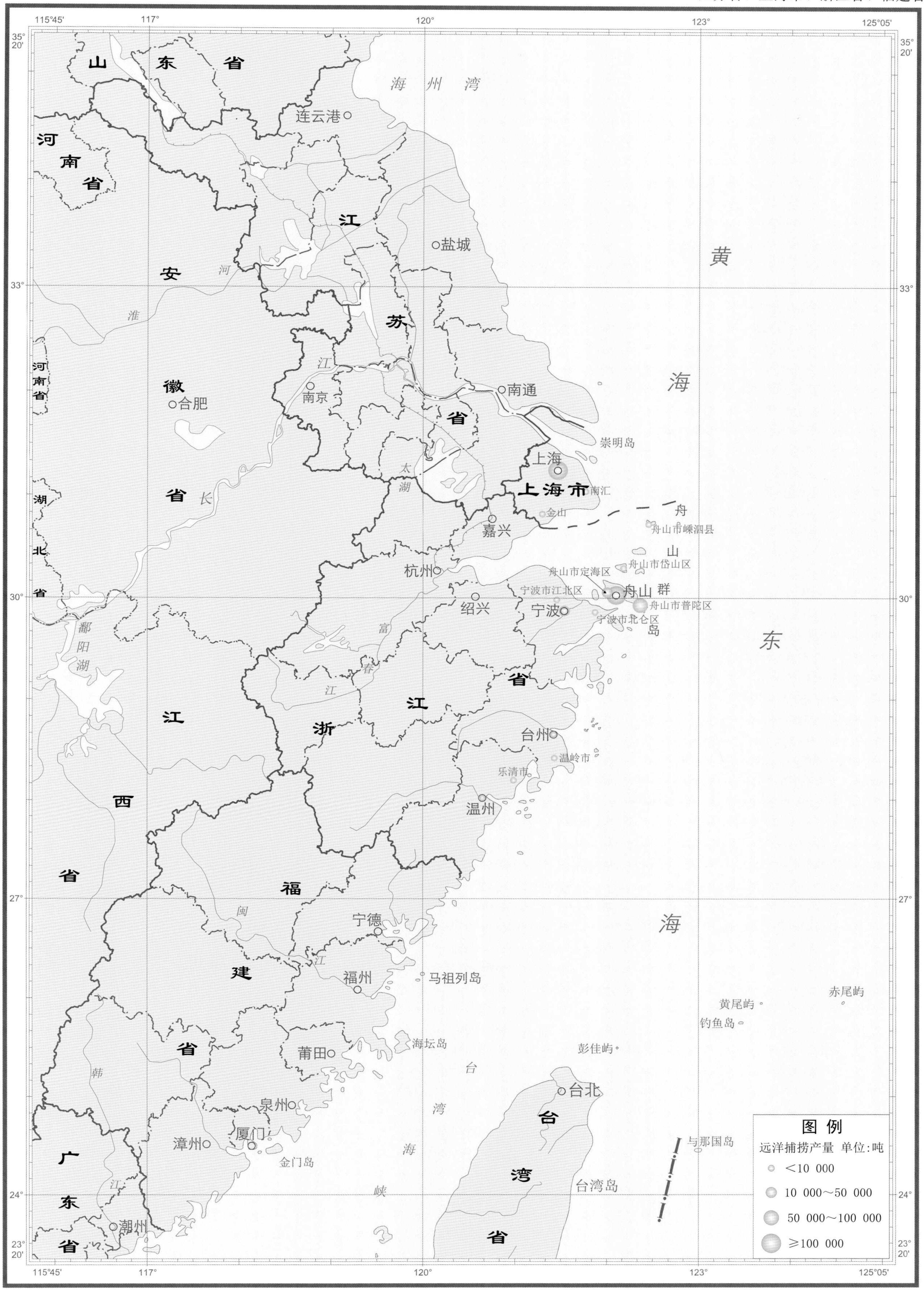

1∶4 000 000（墨卡托投影 基准纬线30°）

沿海地带远洋捕捞产量情况图

2006年

广东省、广西壮族自治区、海南省

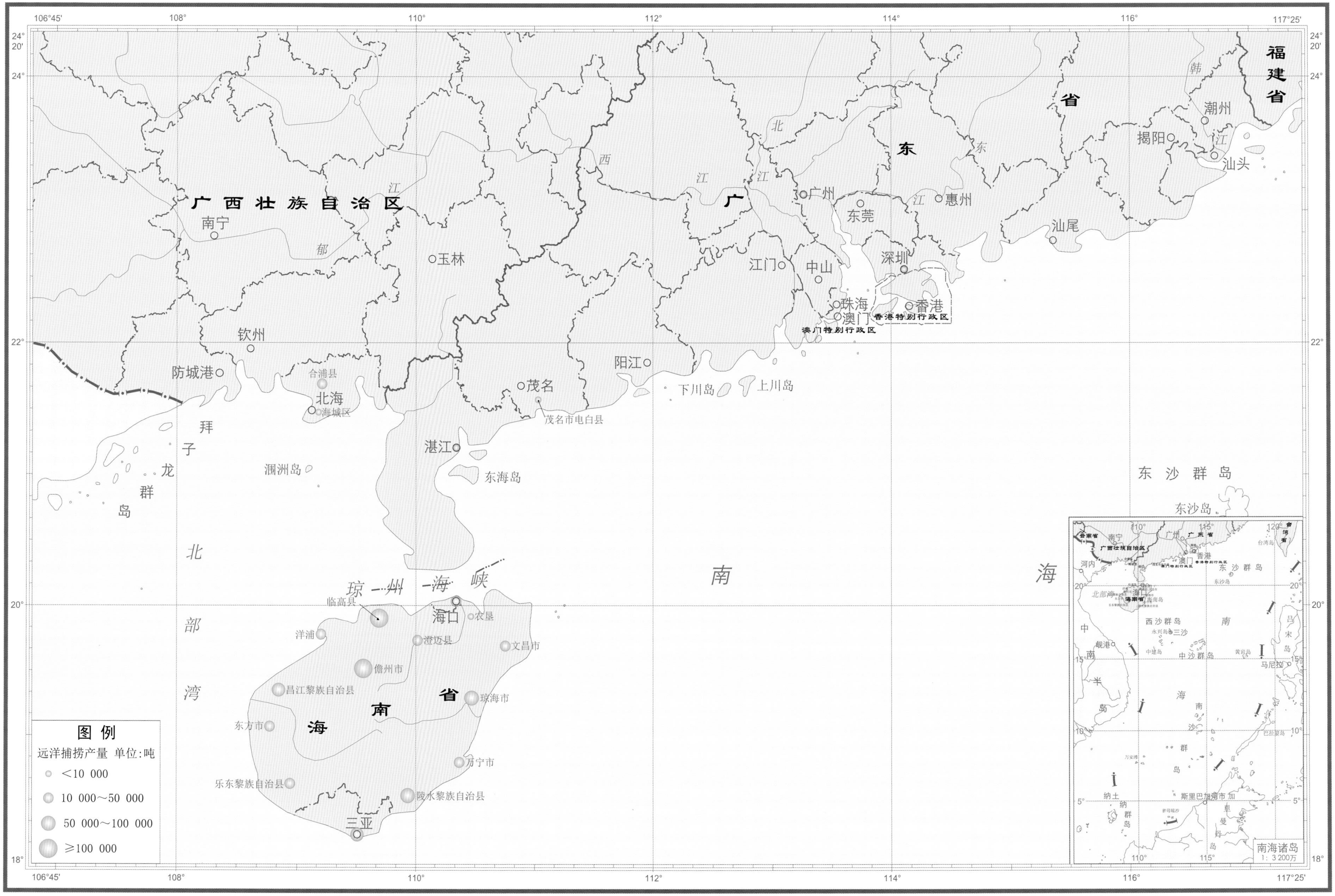

1:3 500 000（墨卡托投影 基准纬线21°）

沿海地区主要盐场密集程度情况图

2006年

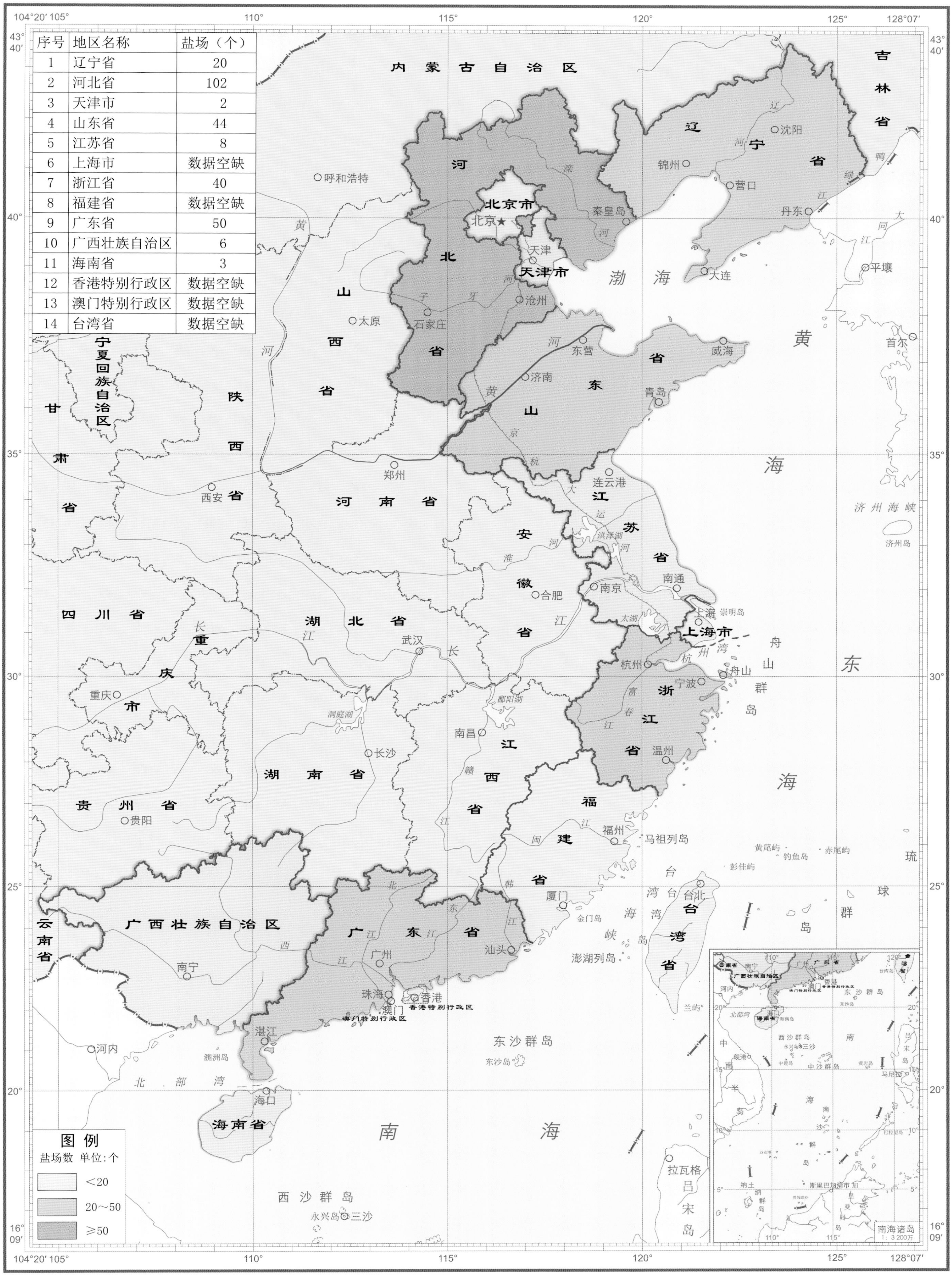

序号	地区名称	盐场（个）
1	辽宁省	20
2	河北省	102
3	天津市	2
4	山东省	44
5	江苏省	8
6	上海市	数据空缺
7	浙江省	40
8	福建省	数据空缺
9	广东省	50
10	广西壮族自治区	6
11	海南省	3
12	香港特别行政区	数据空缺
13	澳门特别行政区	数据空缺
14	台湾省	数据空缺

1：10 000 000（墨卡托投影 基准纬线30°）

沿海地区主要盐场分布图

2006年　　辽宁省

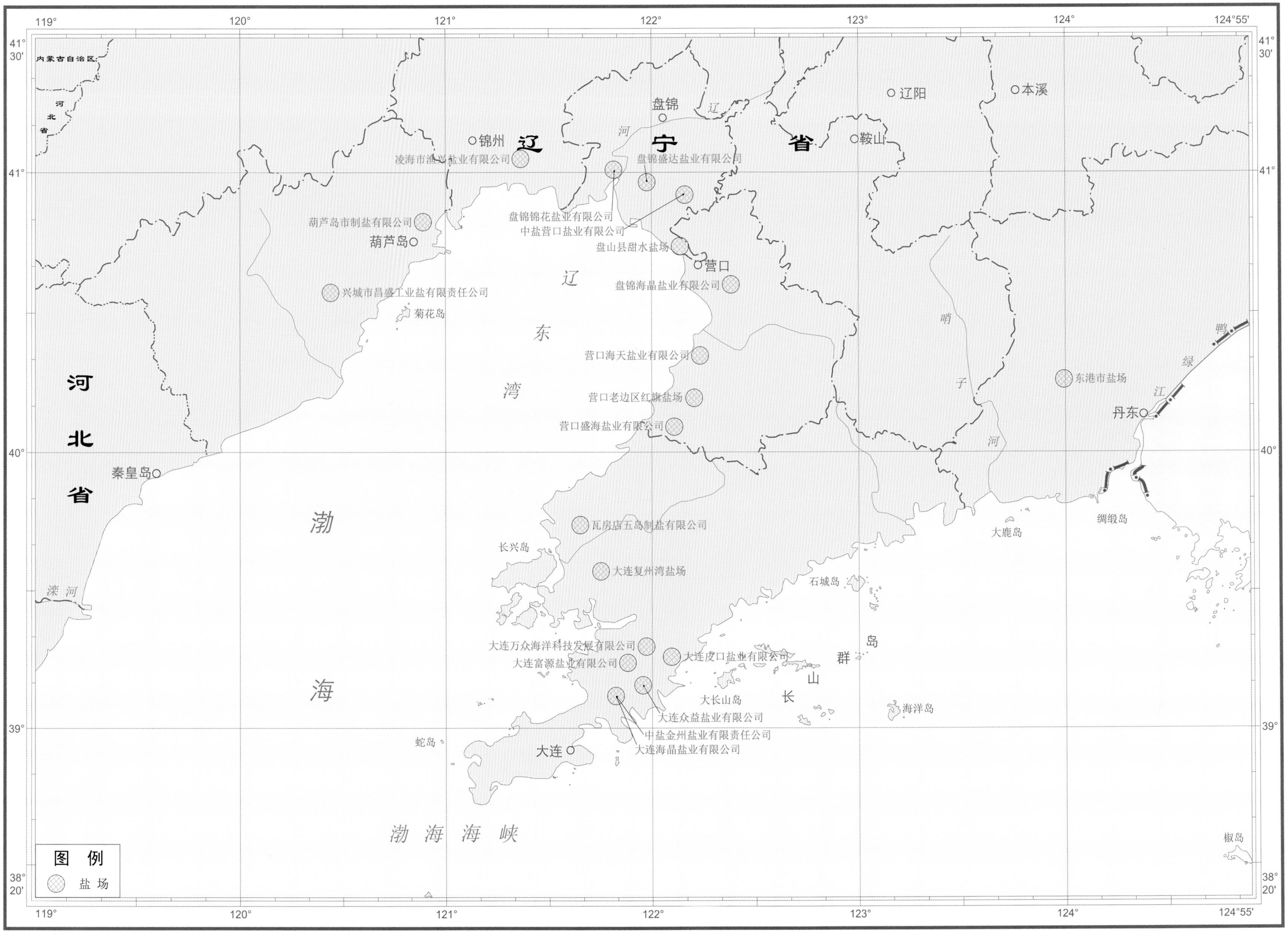
内蒙古自治区
河北省
辽宁省
锦州
盘锦
鞍山
辽阳
本溪
营口
葫芦岛
丹东
秦皇岛
大连
凌海市渔兴盐业有限公司
盘锦盛达盐业有限公司
盘锦锦花盐业有限公司
中盐营口盐业有限公司
盘山县甜水盐场
盘锦海晶盐业有限公司
葫芦岛市制盐有限公司
兴城市昌盛工业盐有限责任公司
营口海天盐业有限公司
营口老边区红旗盐场
营口盛海盐业有限公司
东港市盐场
瓦房店五岛制盐有限公司
大连复州湾盐场
大连万众海洋科技发展有限公司
大连富源盐业有限公司
大连皮口盐业有限公司
大连众益盐业有限公司
中盐金州盐业有限责任公司
大连海晶盐业有限公司
辽东湾
渤海
渤海海峡
辽河
哨子河
鸭绿江
滦河
菊花岛
长兴岛
石城岛
大鹿岛
绸缎岛
长山群岛
大长山岛
海洋岛
蛇岛
椒岛
图例
盐场
119°
120°
121°
122°
123°
124°
124°55'
41°30'
41°
40°
39°
38°20'

1：2 000 000（墨卡托投影　基准纬线30°）

沿海地区主要盐场分布图

2006年

河北省

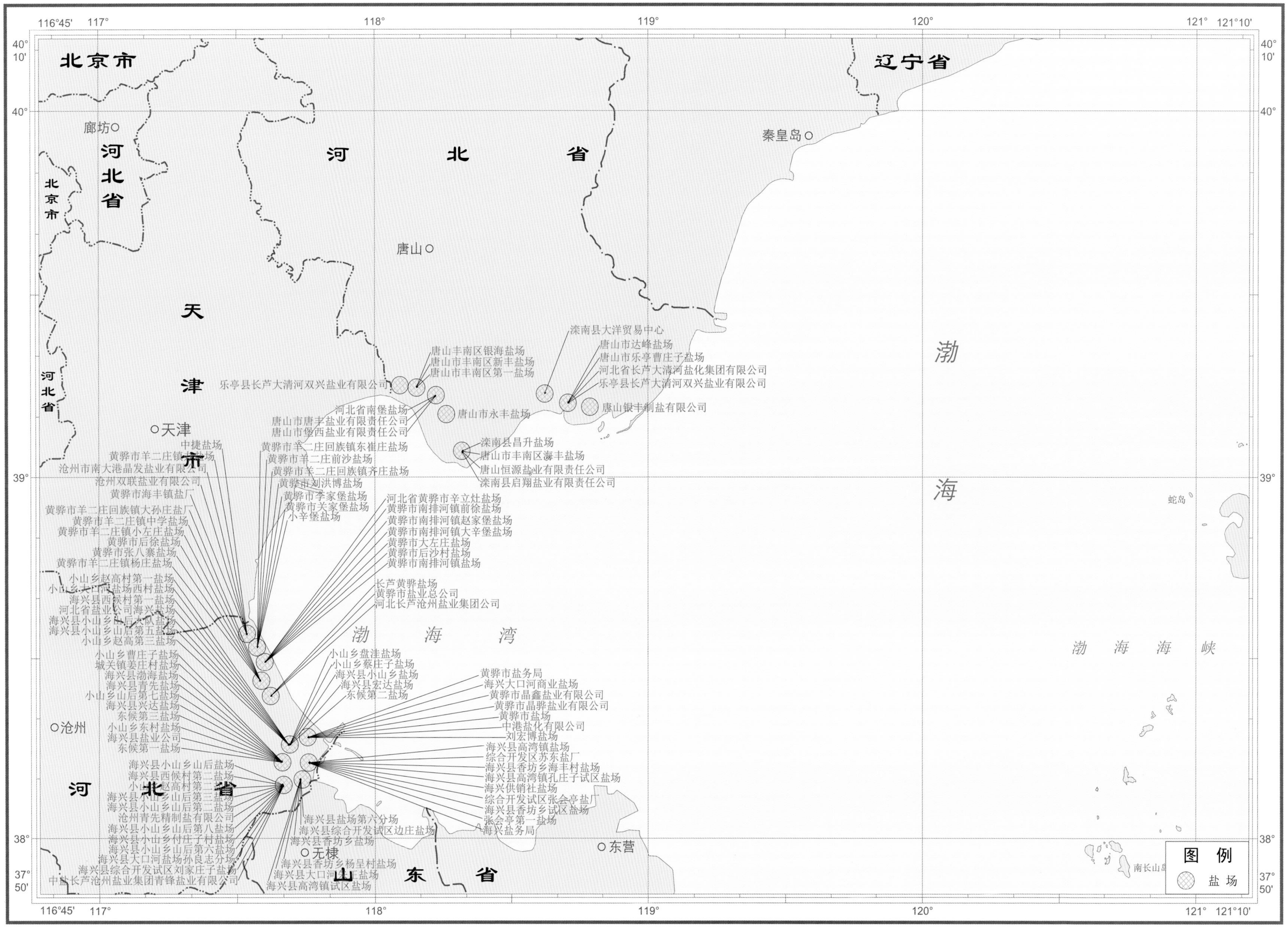

1∶1 500 000（墨卡托投影　基准纬线30°）

沿海地区主要盐场分布图

2006年　　天津市

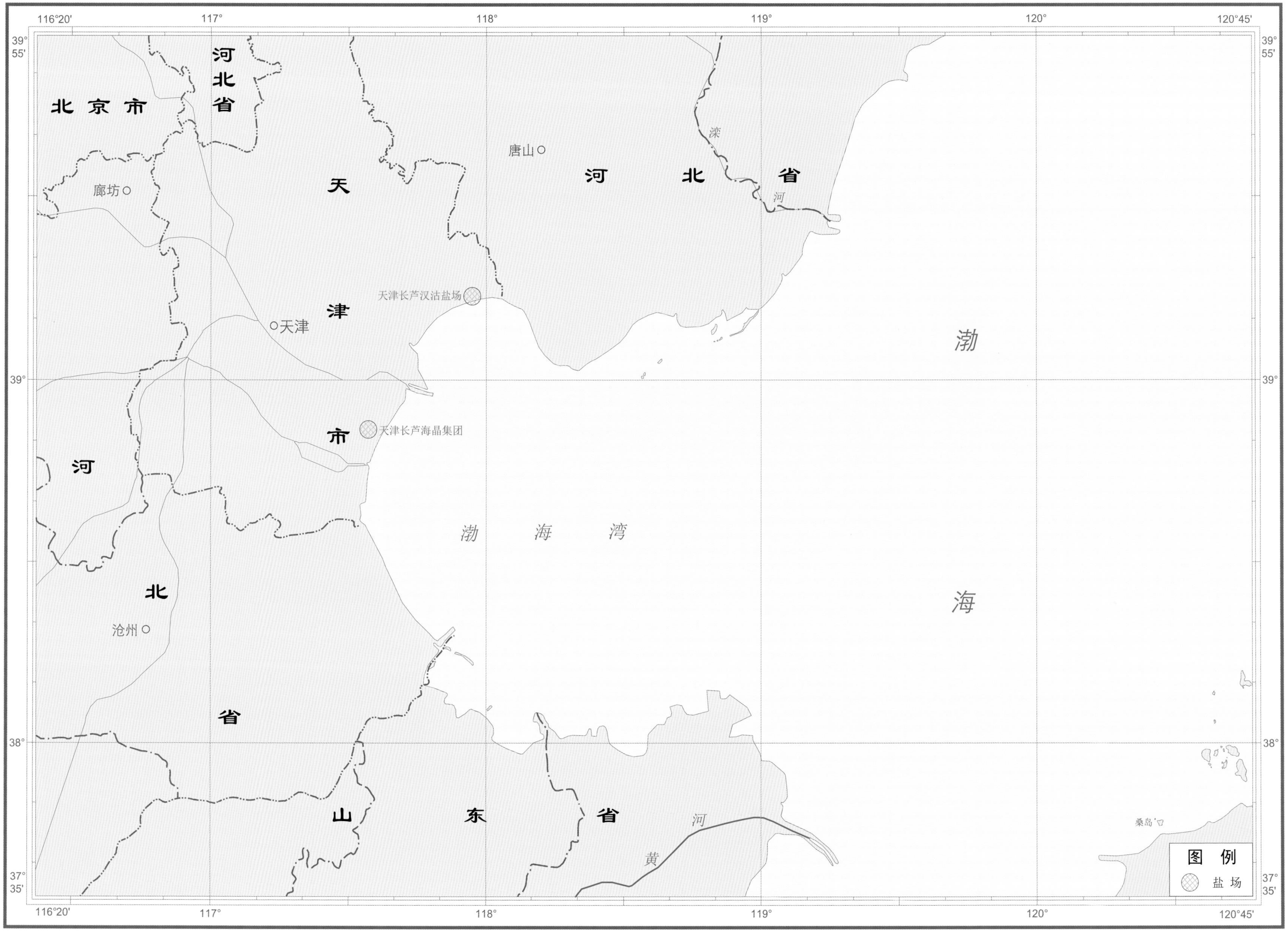

北京市
河北省
天
津
市
天津
廊坊
唐山
河北省
滦河
天津长芦汉沽盐场
天津长芦海晶集团
渤海湾
渤
海
河
北
省
沧州
山东省
黄河
桑岛
图例
盐场

1∶1 500 000（墨卡托投影　基准纬线30°）

沿海地区主要盐场分布图

2006年 山东省

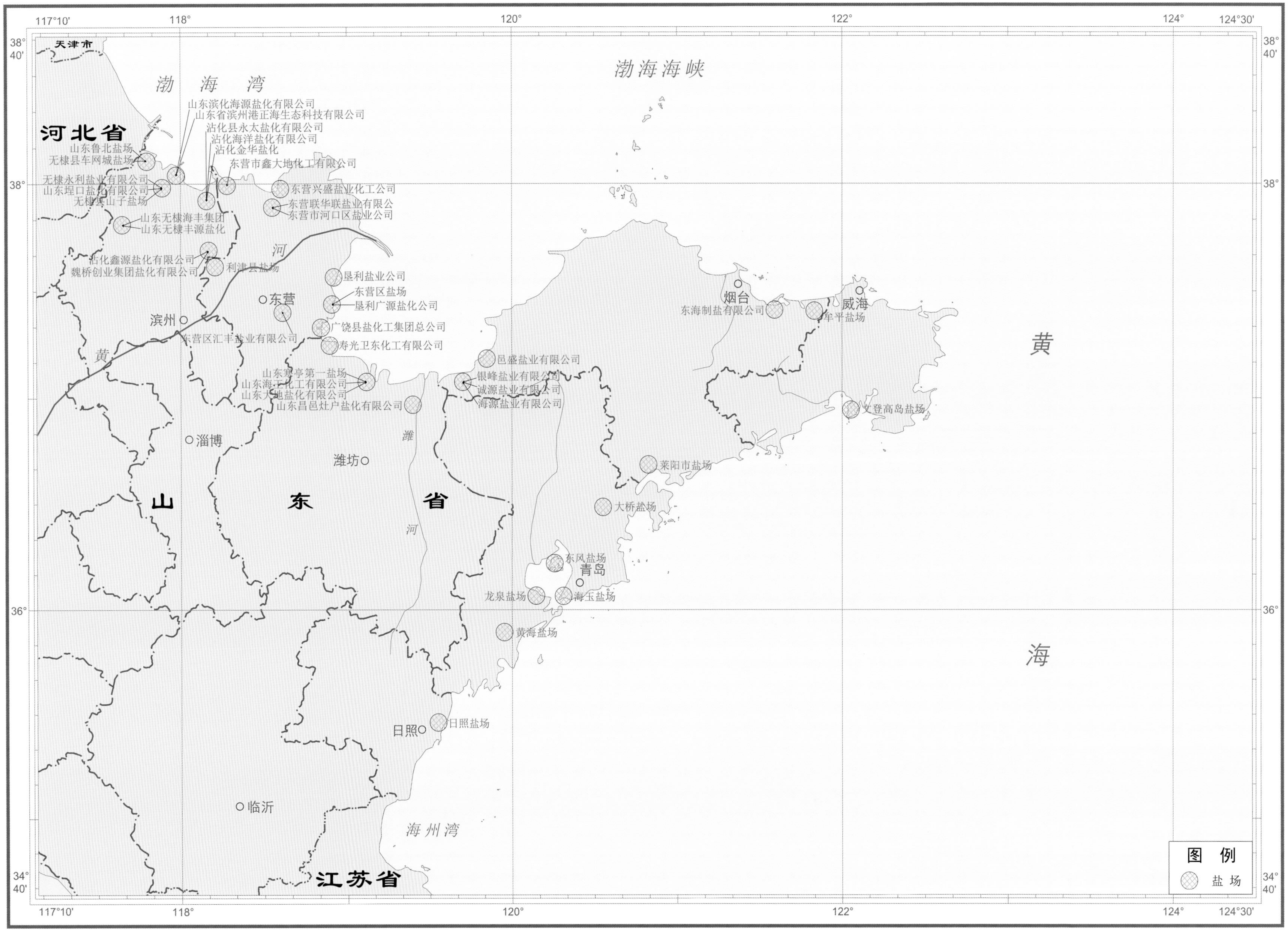

天津市
河北省
渤　海　湾
渤海海峡
山东滨化海源盐化有限公司
山东省滨州港正海生态科技有限公司
沾化县永太盐化有限公司
沾化海洋盐化有限公司
沾化金华盐化
东营市鑫大地化工有限公司
山东鲁北盐场
无棣县车网城盐场
无棣永利盐业有限公司
山东埕口盐化有限公司
无棣县山子盐场
东营兴盛盐业化工公司
东营联华联盐业有限公司
东营市河口区盐业公司
山东无棣海丰集团
山东无棣丰源盐化
沾化鑫源盐化有限公司
魏桥创业集团盐化有限公司
利津县盐场
河
垦利盐业公司
东营区盐场
垦利广源盐化公司
东营
滨州
广饶县盐化工集团总公司
东营区汇丰盐业有限公司
寿光卫东化工有限公司
黄
邑盛盐业有限公司
山东寒亭第一盐场
山东海化工有限公司
山东大地盐化有限公司
山东昌邑灶户盐化有限公司
银峰盐业有限公司
诚源盐业有限公司
海源盐业有限公司
淄博
潍坊
潍
河
山
东
省
烟台
东海制盐有限公司
威海
牟平盐场
文登高岛盐场
莱阳市盐场
大桥盐场
东风盐场
青岛
龙泉盐场
海玉盐场
黄海盐场
日照
日照盐场
临沂
海州湾
江苏省
黄
海
图　例
盐 场
117°10'
118°
120°
122°
124°
124°30'
38° 40'
38°
36°
34° 40'

1∶2 500 000（墨卡托投影　基准纬线30°）

沿海地区主要盐场分布图

2006年

江苏省、上海市、浙江省、福建省

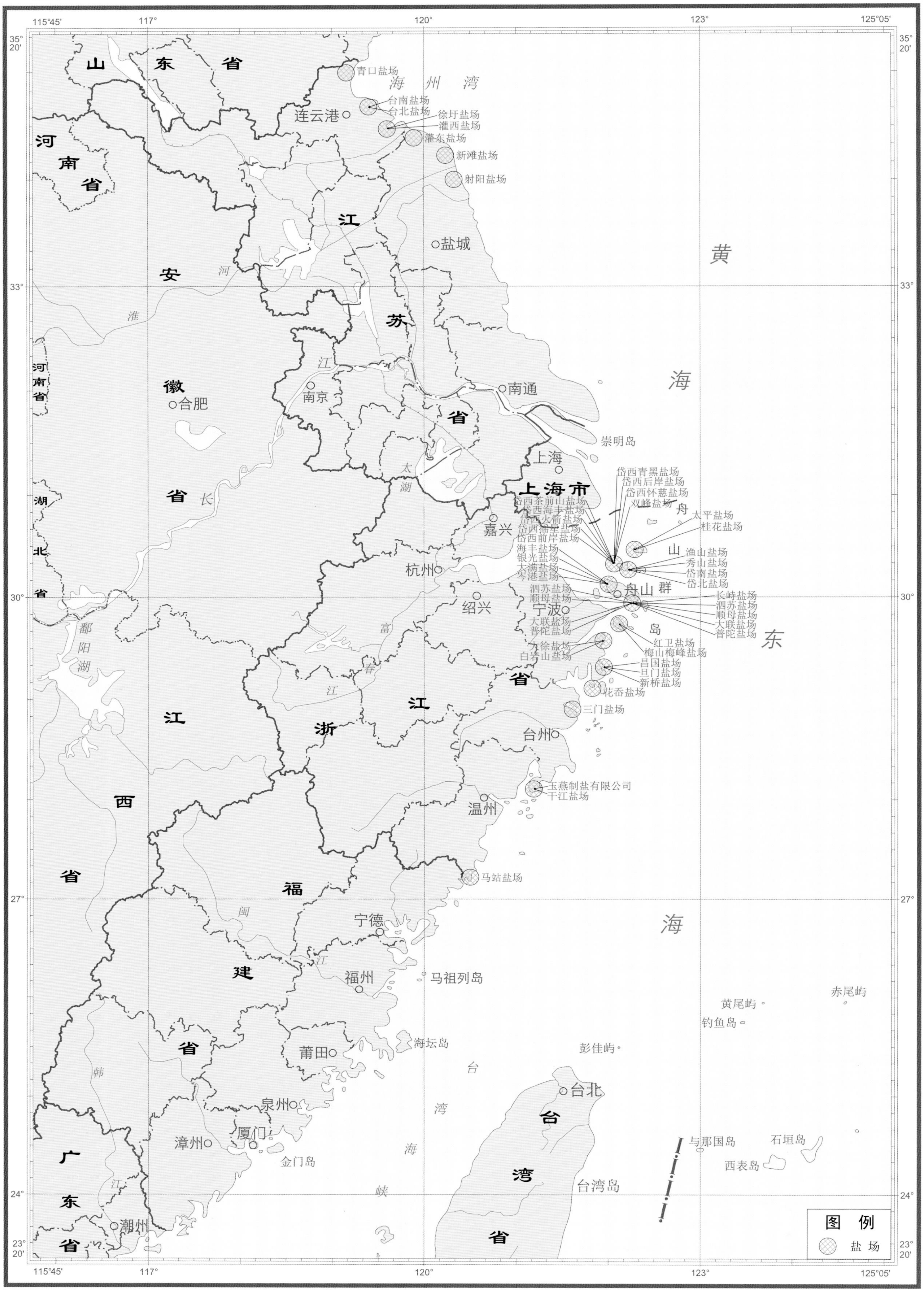

1∶4 000 000（墨卡托投影 基准纬线30°）

沿海地区主要盐场分布图

2006年 广东省、广西壮族自治区、海南省

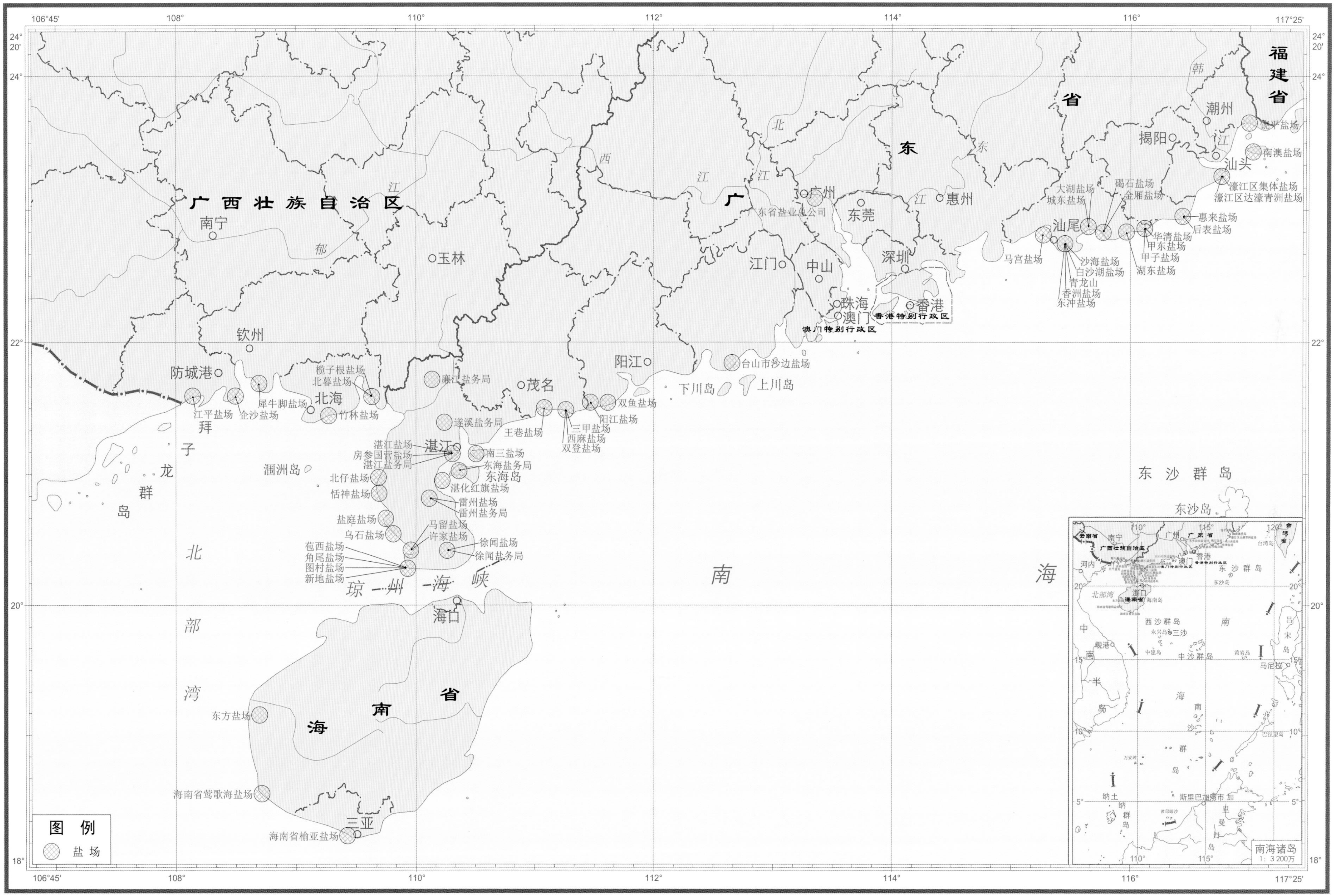

福建省
广东省
广西壮族自治区
海南省
潮州
揭阳
汕头
汕尾
惠州
深圳
东莞
广州
中山
江门
珠海
澳门
香港
香港特别行政区
澳门特别行政区
阳江
茂名
湛江
玉林
南宁
钦州
北海
防城港
海口
三亚
饶平盐场
南澳盐场
濠江区集体盐场
濠江区达濠青洲盐场
惠来盐场
后表盐场
华清盐场
甲东盐场
甲子盐场
湖东盐场
碣石盐场
金厢盐场
大湖盐场
城东盐场
沙海盐场
白沙湖盐场
青龙山
香洲盐场
东冲盐场
马宫盐场
广东省盐业总公司
台山市沙边盐场
下川岛
上川岛
双鱼盐场
阳江盐场
三甲盐场
西麻盐场
双登盐场
王巷盐场
廉江盐务局
遂溪盐务局
南三盐场
东海盐务局
东海岛
湛化红旗盐场
雷州盐场
雷州盐务局
马留盐场
许家盐场
徐闻盐场
徐闻盐务局
湛江盐场
房参国营盐场
湛江盐务局
北仔盐场
恬神盐场
盐庭盐场
乌石盐场
苞西盐场
角尾盐场
图村盐场
新地盐场
榄子根盐场
北暮盐场
竹林盐场
犀牛脚盐场
企沙盐场
江平盐场
涠洲岛
东方盐场
海南省莺歌海盐场
海南省榆亚盐场
北部湾
琼州海峡
南海
东沙群岛
东沙岛
拜子龙群岛
韩江
东江
北江
西江
郁江
图例
盐场
南海诸岛
1∶3 200万

1∶3 500 000（墨卡托投影 基准纬线21°）

沿海主要港口密集程度情况图

2006年

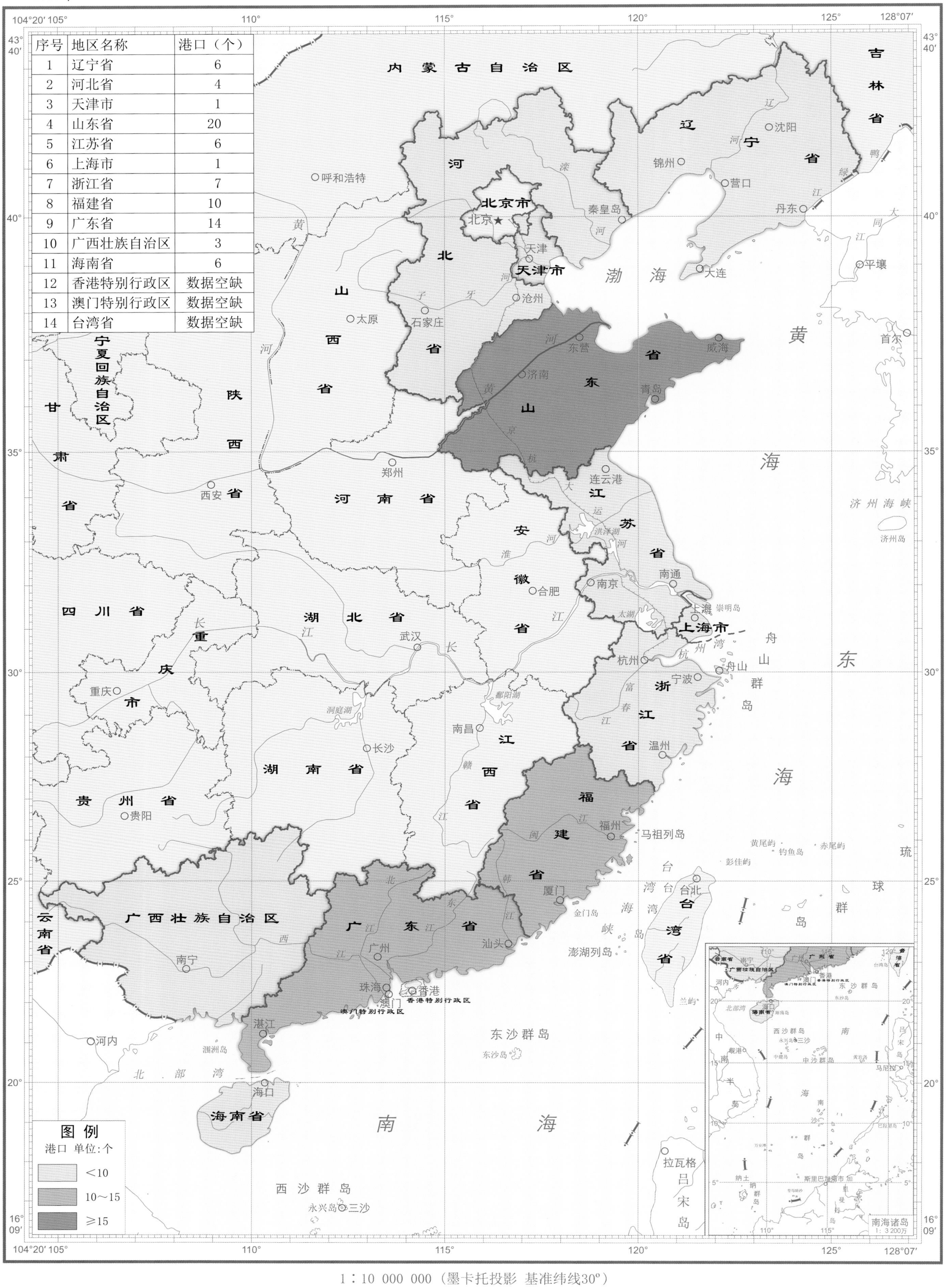

序号	地区名称	港口（个）
1	辽宁省	6
2	河北省	4
3	天津市	1
4	山东省	20
5	江苏省	6
6	上海市	1
7	浙江省	7
8	福建省	10
9	广东省	14
10	广西壮族自治区	3
11	海南省	6
12	香港特别行政区	数据空缺
13	澳门特别行政区	数据空缺
14	台湾省	数据空缺

1∶10 000 000（墨卡托投影 基准纬线30°）

沿海主要港口分布图

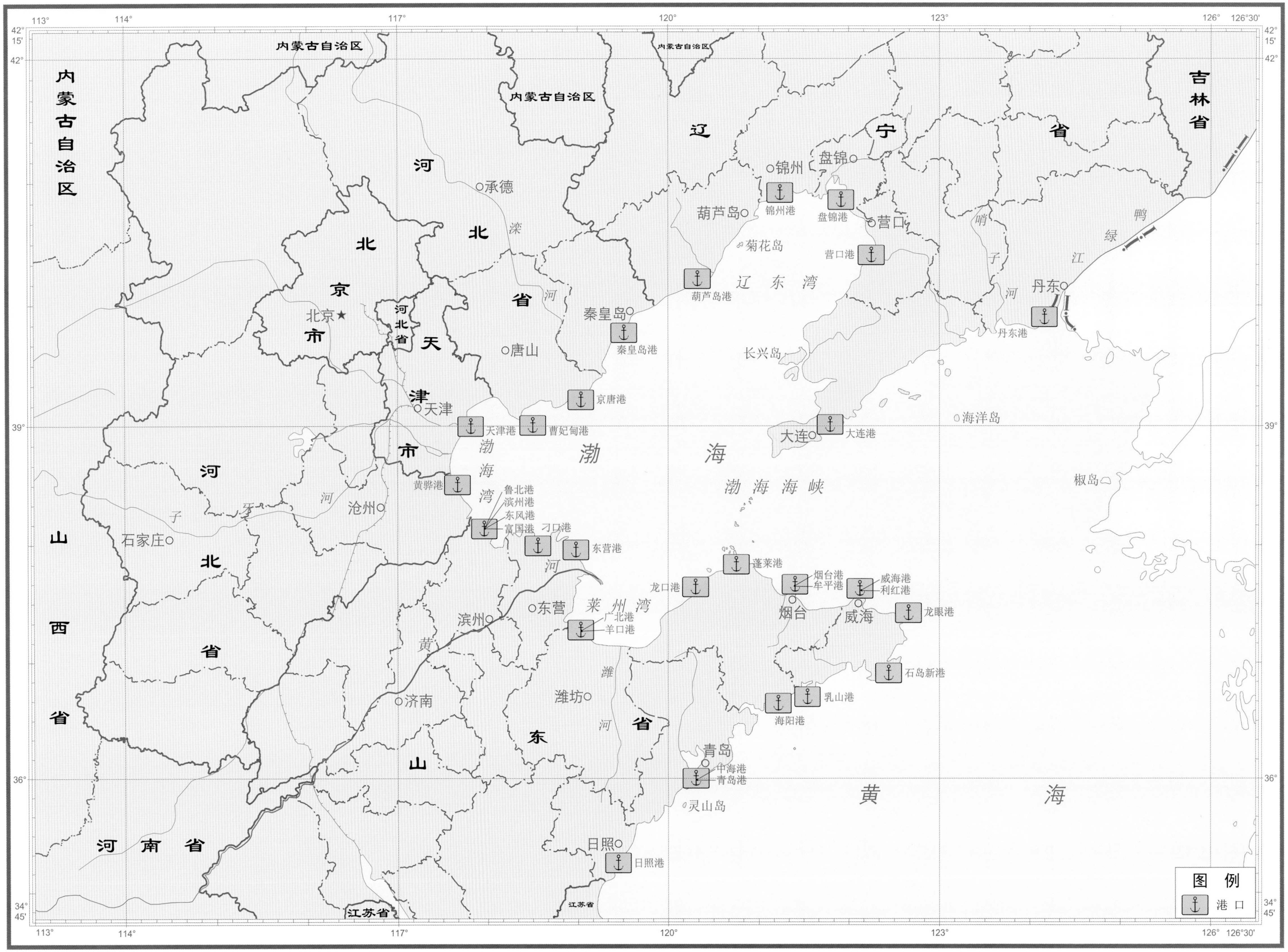
内蒙古自治区
吉林省
辽宁省
河北省
北京市
天津市
山东省
山西省
河南省
江苏省
北京
天津
承德
唐山
秦皇岛
沧州
石家庄
锦州
盘锦
营口
葫芦岛
菊花岛
长兴岛
大连
丹东
海洋岛
椒岛
济南
滨州
东营
潍坊
烟台
威海
青岛
灵山岛
日照
辽东湾
渤海
渤海湾
莱州湾
渤海海峡
黄海
鸭绿江
哨子河
滦河
黄河
潍河
子牙河
锦州港
盘锦港
营口港
葫芦岛港
秦皇岛港
京唐港
曹妃甸港
天津港
黄骅港
鲁北港
滨州港
东风港
富国港
刁口港
东营港
广北港
羊口港
龙口港
蓬莱港
烟台港
牟平港
威海港
利红港
龙眼港
石岛新港
乳山港
海阳港
中海港
青岛港
日照港
大连港
丹东港
图例
港口
113°
114°
117°
120°
123°
126°
126°30′
42°15′
42°
39°
36°
34°45′

1∶4 000 000 （墨卡托投影 基准纬线38°）

沿海主要港口分布图

2006年　　江苏省、上海市、浙江省、福建省

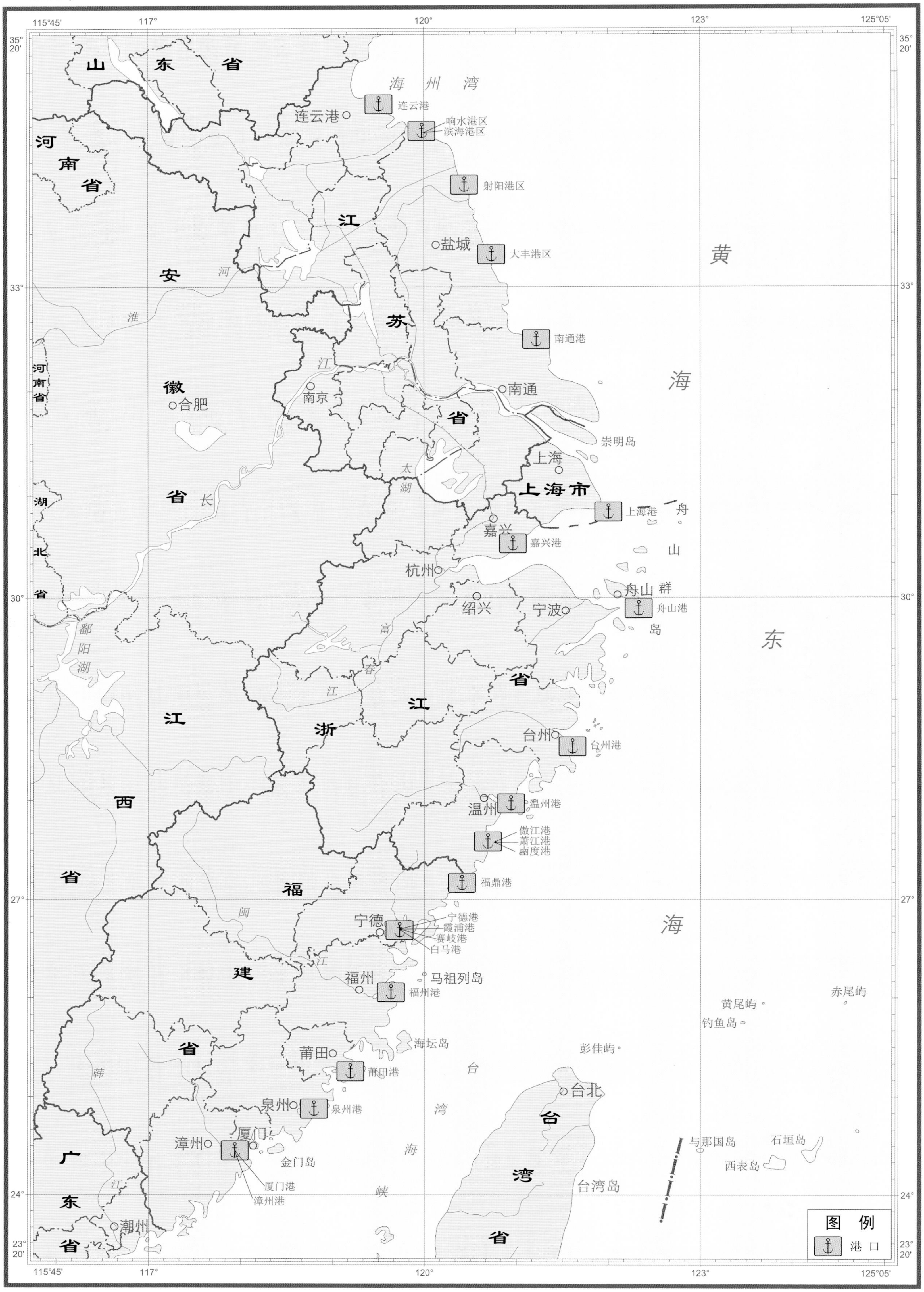

1∶4 000 000（墨卡托投影 基准纬线30°）

沿海主要港口分布图

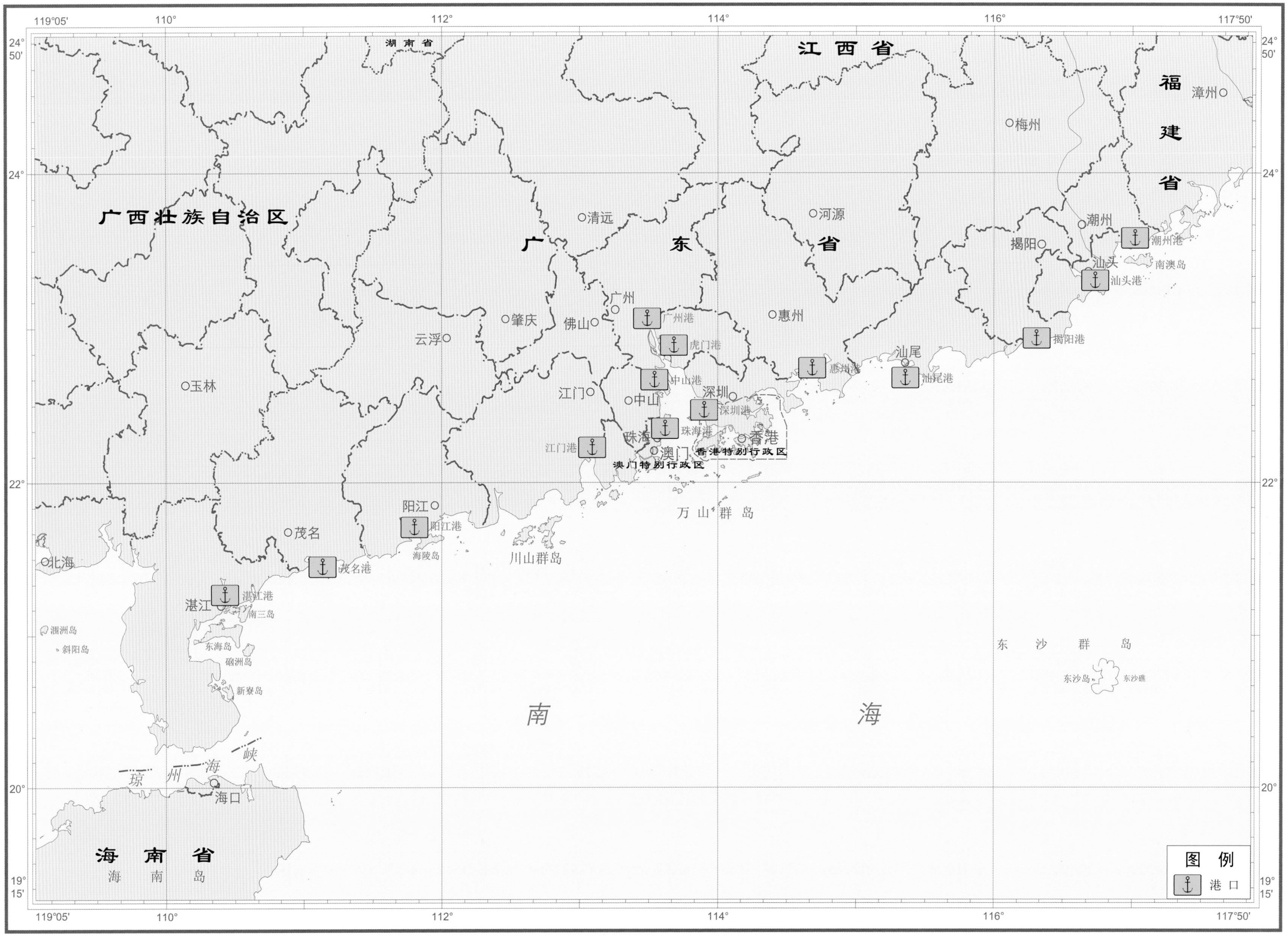
湖南省
江西省
福建省
漳州
梅州
广西壮族自治区
广东省
清远
河源
潮州
揭阳
潮州港
南澳岛
汕头
汕头港
广州
广州港
虎门港
肇庆
佛山
惠州
云浮
揭阳港
汕尾
汕尾港
惠州港
玉林
中山港
江门
中山
深圳
深圳港
珠海
珠海港
香港
江门港
澳门
香港特别行政区
澳门特别行政区
阳江
阳江港
万山群岛
茂名
北海
茂名港
海陵岛
川山群岛
湛江
湛江港
南三岛
涠洲岛
斜阳岛
东海岛
硇洲岛
新寮岛
东沙群岛
东沙岛
东沙礁
南海
琼州海峡
海口
海南省
海南岛
图例
港口
119°05'
110°
112°
114°
116°
117°50'
24° 50'
24°
22°
20°
19° 15'

1∶3 000 000（墨卡托投影　基准纬线30°）

沿海主要港口分布图

2006年　　　　广西壮族自治区

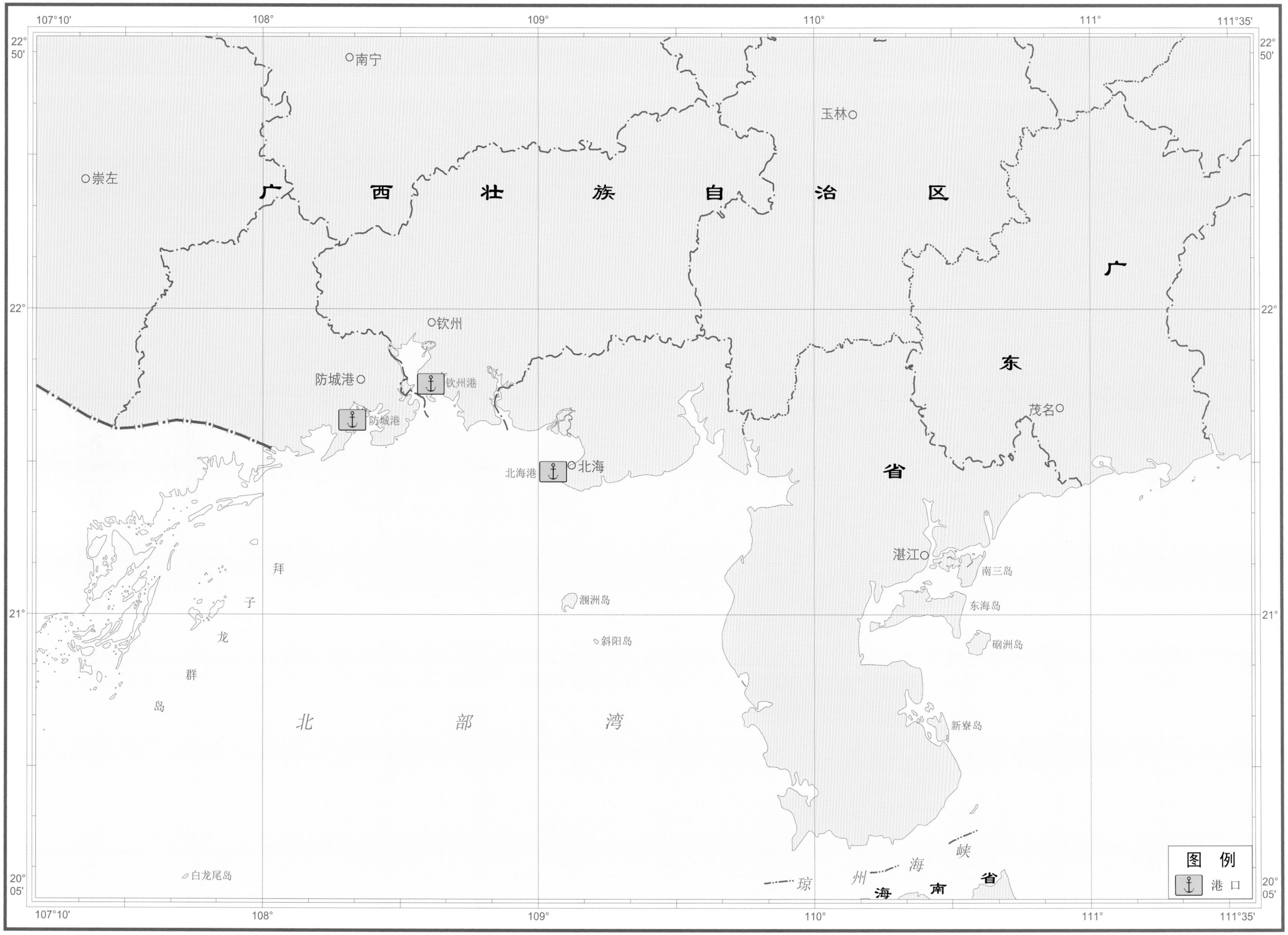
107°10'
108°
109°
110°
111°
111°35'
22° 50'
22°
21°
20° 05'
南宁
玉林
崇左
广　西　壮　族　自　治　区
广　东　省
钦州
防城港
钦州港
防城港
茂名
北海
北海港
湛江
南三岛
东海岛
硇洲岛
新寮岛
涠洲岛
斜阳岛
拜子龙群岛
北部湾
白龙尾岛
琼州海峡
海南省
图例
港口

1∶1 500 000（墨卡托投影　基准纬线30°）

沿海主要港口分布图

2006年　　海南省

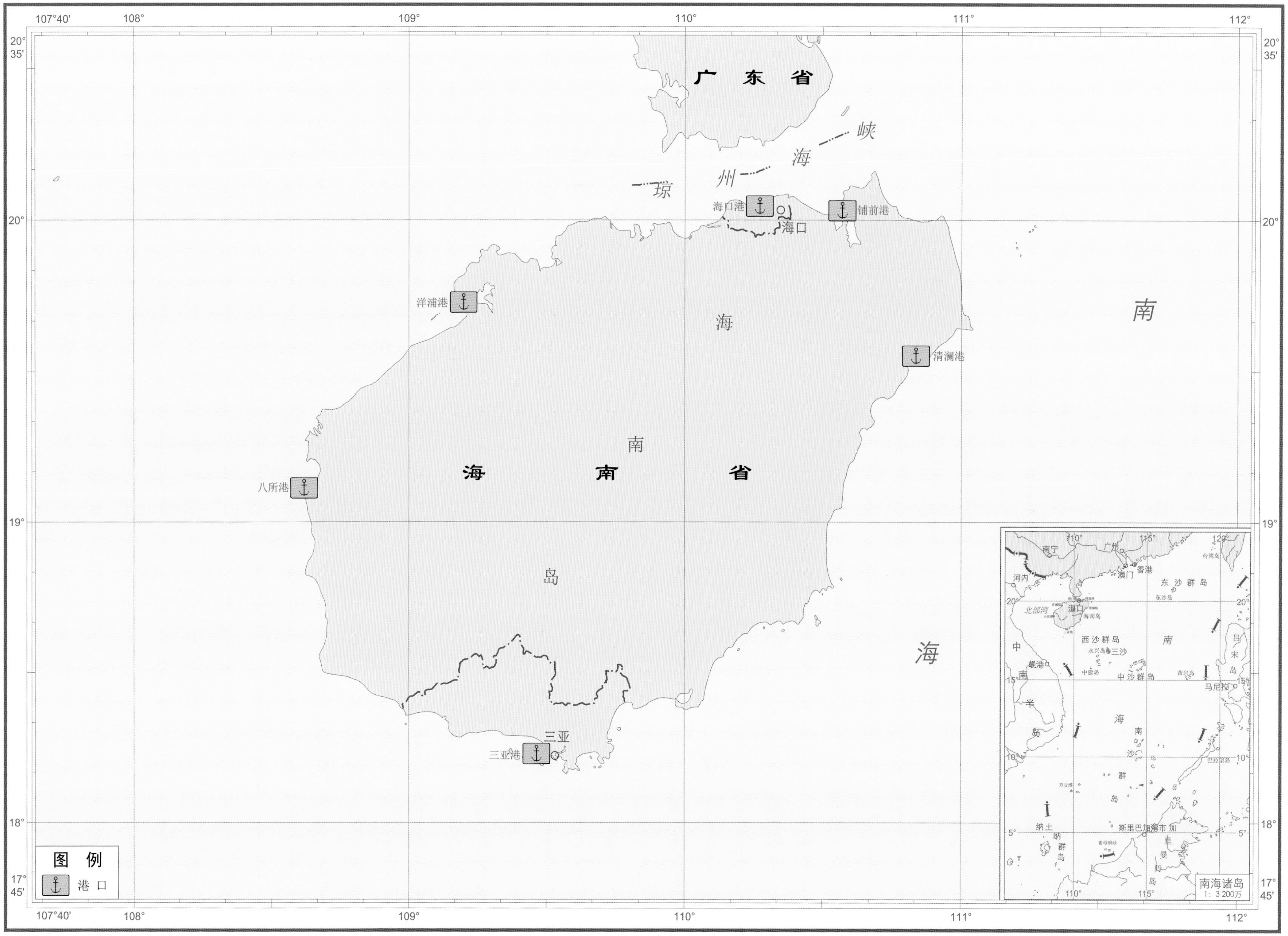

广东省
琼州海峡
海口港
海口
铺前港
洋浦港
清澜港
八所港
三亚港
三亚
海南省
海南岛
南海
107°40′
108°
109°
110°
111°
112°
20°35′
20°
19°
18°
17°45′
图例
港口
南海诸岛
1：3 200万

1：1 500 000（墨卡托投影　基准纬线30°）

主要沿海城市星级饭店数量情况图

2006年

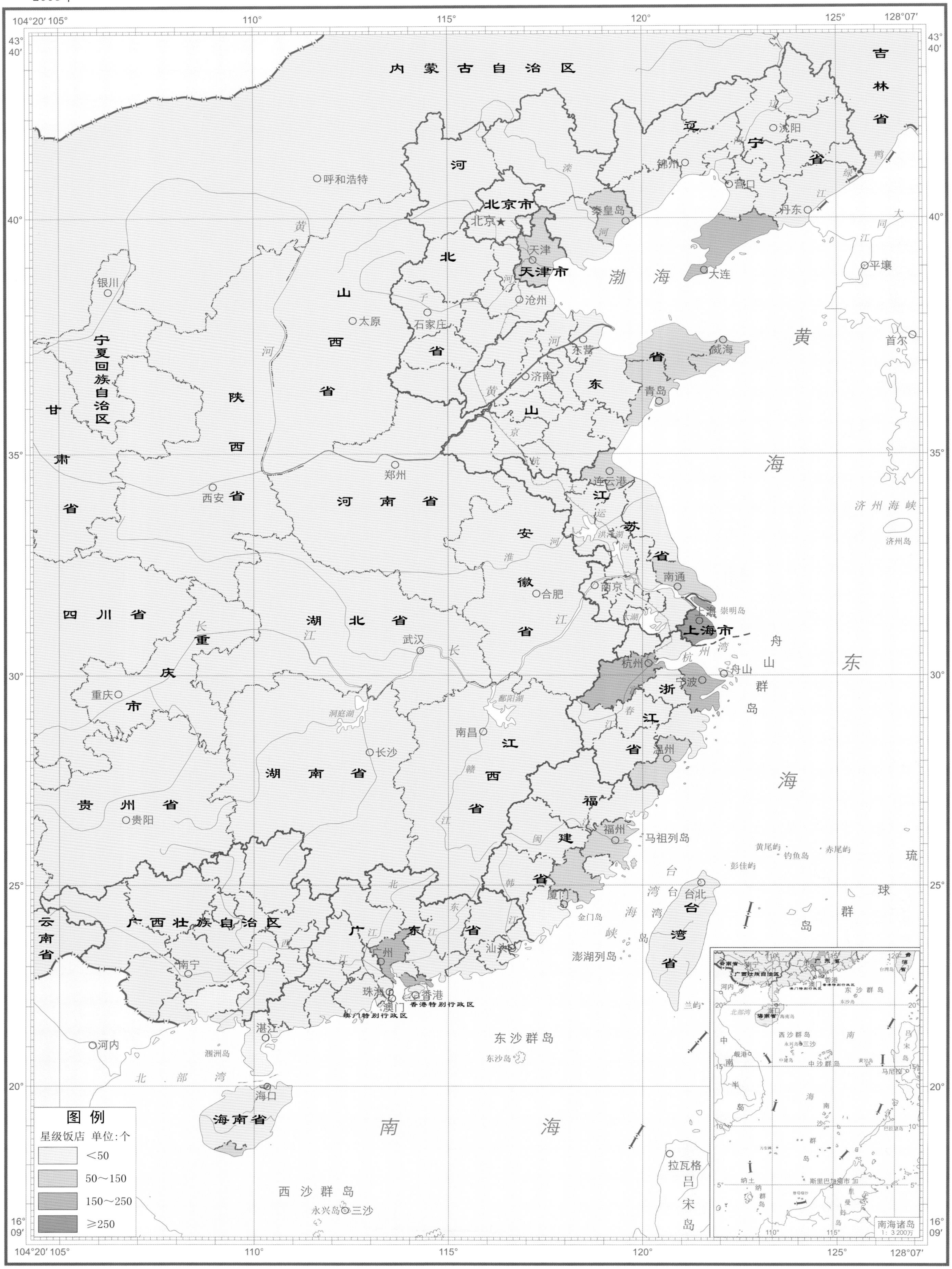

1：10 000 000（墨卡托投影 基准纬线30°）

沿海地区主要海水浴场密集程度情况图

2006年

序号	地区名称	主要海水浴场（个）
1	辽宁省	16
2	河北省	22
3	天津市	数据空缺
4	山东省	8
5	江苏省	数据空缺
6	上海市	2
7	浙江省	11
8	福建省	5
9	广东省	13
10	广西壮族自治区	数据空缺
11	海南省	2
12	香港特别行政区	数据空缺
13	澳门特别行政区	数据空缺
14	台湾省	数据空缺

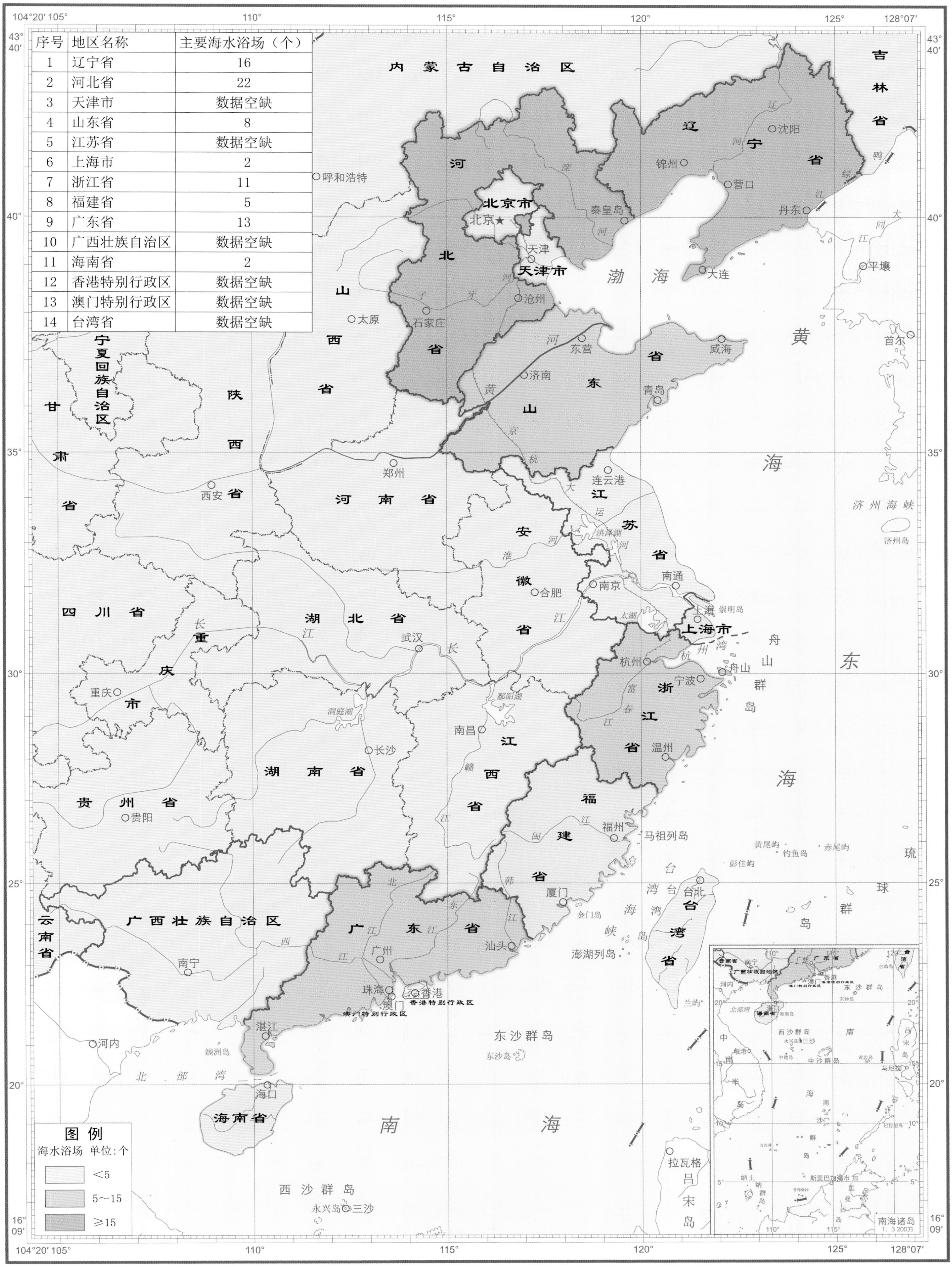

1：10 000 000（墨卡托投影 基准纬线30°）

沿海地区主要海水浴场营业收入情况图

2006年

序号	地区名称	营业收入（万元）
1	辽宁省	560.00
2	河北省	6 028.92
3	天津市	2 847.00
4	山东省	27 902.00
5	江苏省	2 478.00
6	上海市	5 568.24
7	浙江省	80.20
8	福建省	13 561.00
9	广东省	数据空缺
10	广西壮族自治区	数据空缺
11	海南省	3.00
12	香港特别行政区	数据空缺
13	澳门特别行政区	数据空缺
14	台湾省	数据空缺

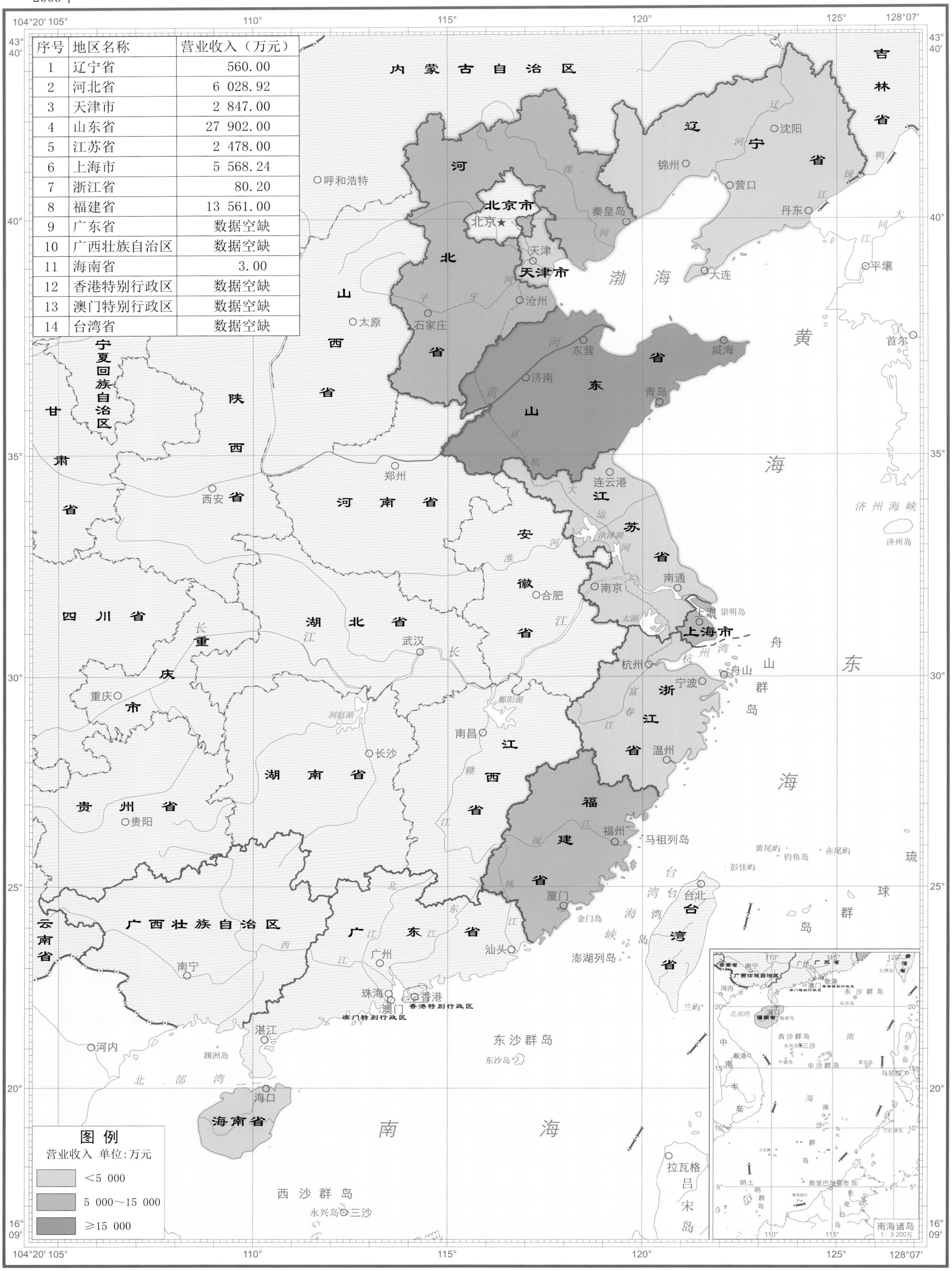
图例
营业收入 单位:万元
<5 000
5 000～15 000
≥15 000
内蒙古自治区
辽宁省
吉林省
河北省
北京市
天津市
山东省
江苏省
上海市
浙江省
福建省
台湾省
广东省
广西壮族自治区
海南省
渤海
黄海
东海
南海
东沙群岛
西沙群岛
南海诸岛
1:3 200万

1∶10 000 000（墨卡托投影 基准纬线30°）

沿海地区主要海水浴场分布图

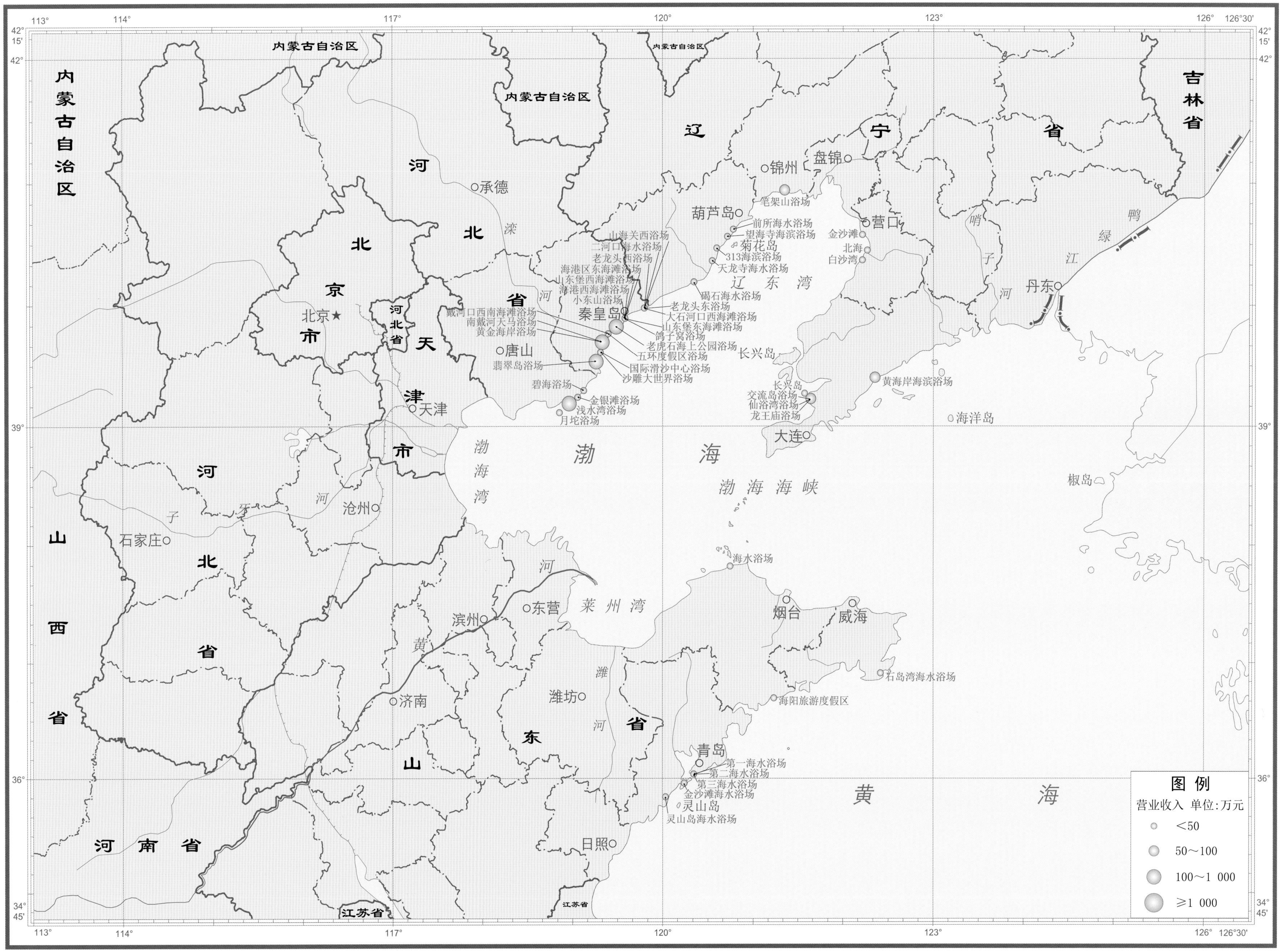
内蒙古自治区
吉林省
辽宁省
河北省
北京市
天津市
山东省
山西省
河南省
江苏省
锦州
盘锦
营口
葫芦岛
丹东
大连
秦皇岛
唐山
承德
北京
天津
沧州
石家庄
滨州
东营
济南
潍坊
烟台
威海
青岛
日照
渤海
黄海
辽东湾
渤海湾
莱州湾
渤海海峡
长兴岛
海洋岛
椒岛
菊花岛
灵山岛
笔架山浴场
前所海水浴场
望海寺海滨浴场
313海滨浴场
天龙寺海水浴场
碣石海水浴场
金沙滩
北海
白沙湾
山海关西浴场
二河口海水浴场
老龙头西浴场
海港区东海滩浴场
山东堡西海滩浴场
海港西海滩浴场
小东山浴场
老龙头东浴场
大石河口西海滩浴场
山东堡东海滩浴场
鸽子窝浴场
老虎石海上公园浴场
五环度假区浴场
国际滑沙中心浴场
沙雕大世界浴场
戴河口西南海滩浴场
南戴河天马浴场
黄金海岸浴场
翡翠岛浴场
碧海浴场
金银滩浴场
浅水湾浴场
月坨浴场
长兴岛
交流岛浴场
仙浴湾浴场
龙王庙浴场
黄海岸海滨浴场
海水浴场
石岛湾海水浴场
海阳旅游度假区
第一海水浴场
第二海水浴场
第三海水浴场
金沙滩海水浴场
灵山岛海水浴场
图例
营业收入 单位:万元
<50
50～100
100～1 000
≥1 000

1:4 000 000 （墨卡托投影 基准纬线38°）

沿海地区主要海水浴场分布图

2006年

江苏省、上海市、浙江省、福建省

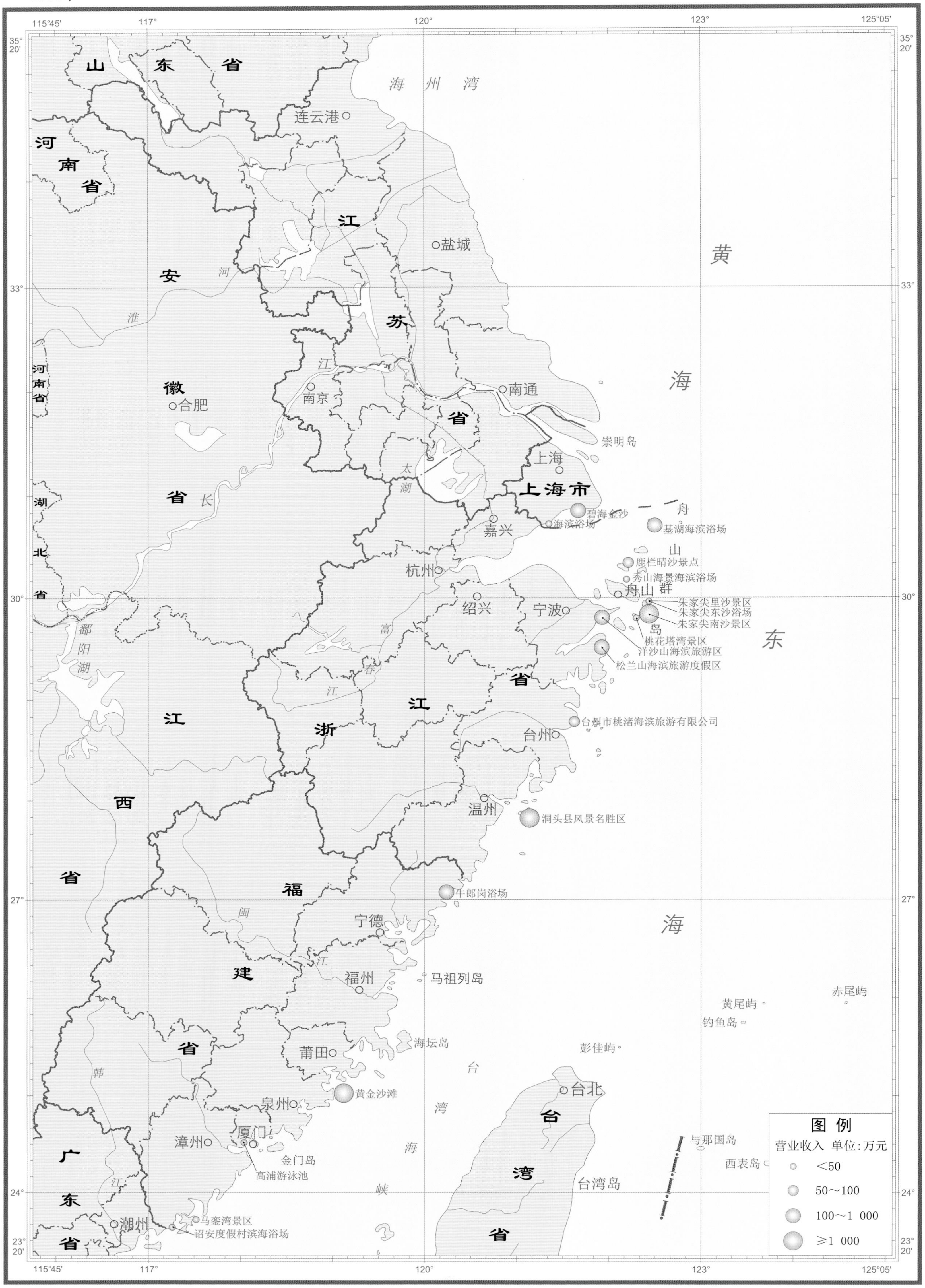

1∶4 000 000（墨卡托投影 基准纬线30°）

沿海地区主要海水浴场分布图

2006年

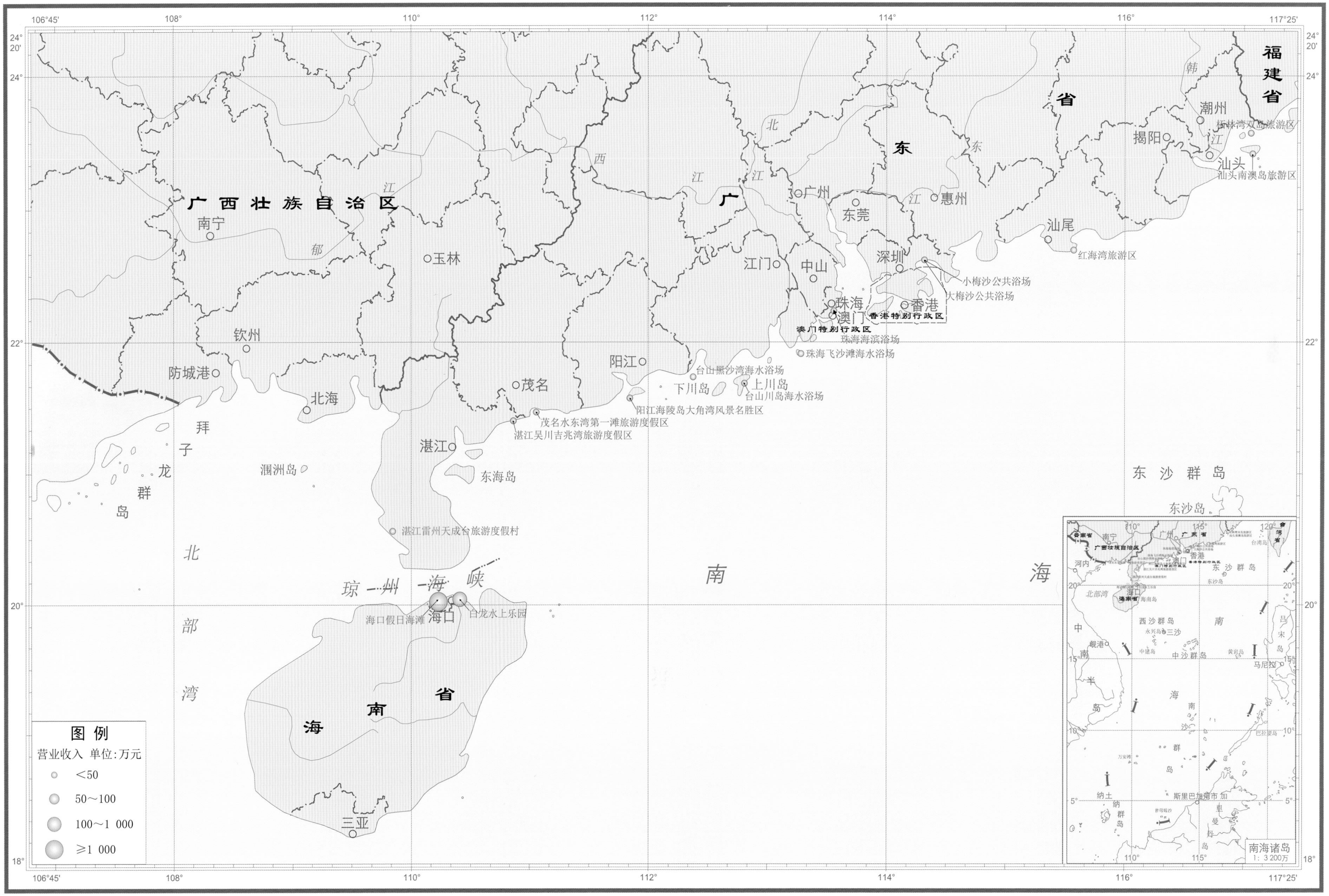
福建省
广东省
广西壮族自治区
海南省
潮州
柘林湾双岛旅游区
汕头
汕头南澳岛旅游区
揭阳
汕尾
红海湾旅游区
惠州
广州
东莞
深圳
小梅沙公共浴场
大梅沙公共浴场
香港
香港特别行政区
中山
江门
珠海
澳门
澳门特别行政区
珠海海滨浴场
珠海飞沙滩海水浴场
台山黑沙湾海水浴场
下川岛
上川岛
台山川岛海水浴场
阳江
阳江海陵岛大角湾风景名胜区
茂名
茂名水东湾第一滩旅游度假区
湛江吴川吉兆湾旅游度假区
湛江
东海岛
湛江雷州天成台旅游度假村
玉林
南宁
钦州
防城港
北海
涠洲岛
拜子龙群岛
北部湾
琼州海峡
海口
海口假日海滩
白龙水上乐园
三亚
南海
东沙群岛
东沙岛
北江
西江
东江
韩江
郁江
图例
营业收入 单位:万元
<50
50~100
100~1 000
≥1 000
南海诸岛
1:3 200万

1:3 500 000（墨卡托投影 基准纬线21°）

沿海地区主要滨海博物馆及纪念馆密集程度情况图

2006年

序号	地区名称	滨海博物馆及纪念馆（个）
1	辽宁省	8
2	河北省	8
3	天津市	数据空缺
4	山东省	7
5	江苏省	7
6	上海市	10
7	浙江省	8
8	福建省	21
9	广东省	3
10	广西壮族自治区	3
11	海南省	1
12	香港特别行政区	数据空缺
13	澳门特别行政区	数据空缺
14	台湾省	数据空缺

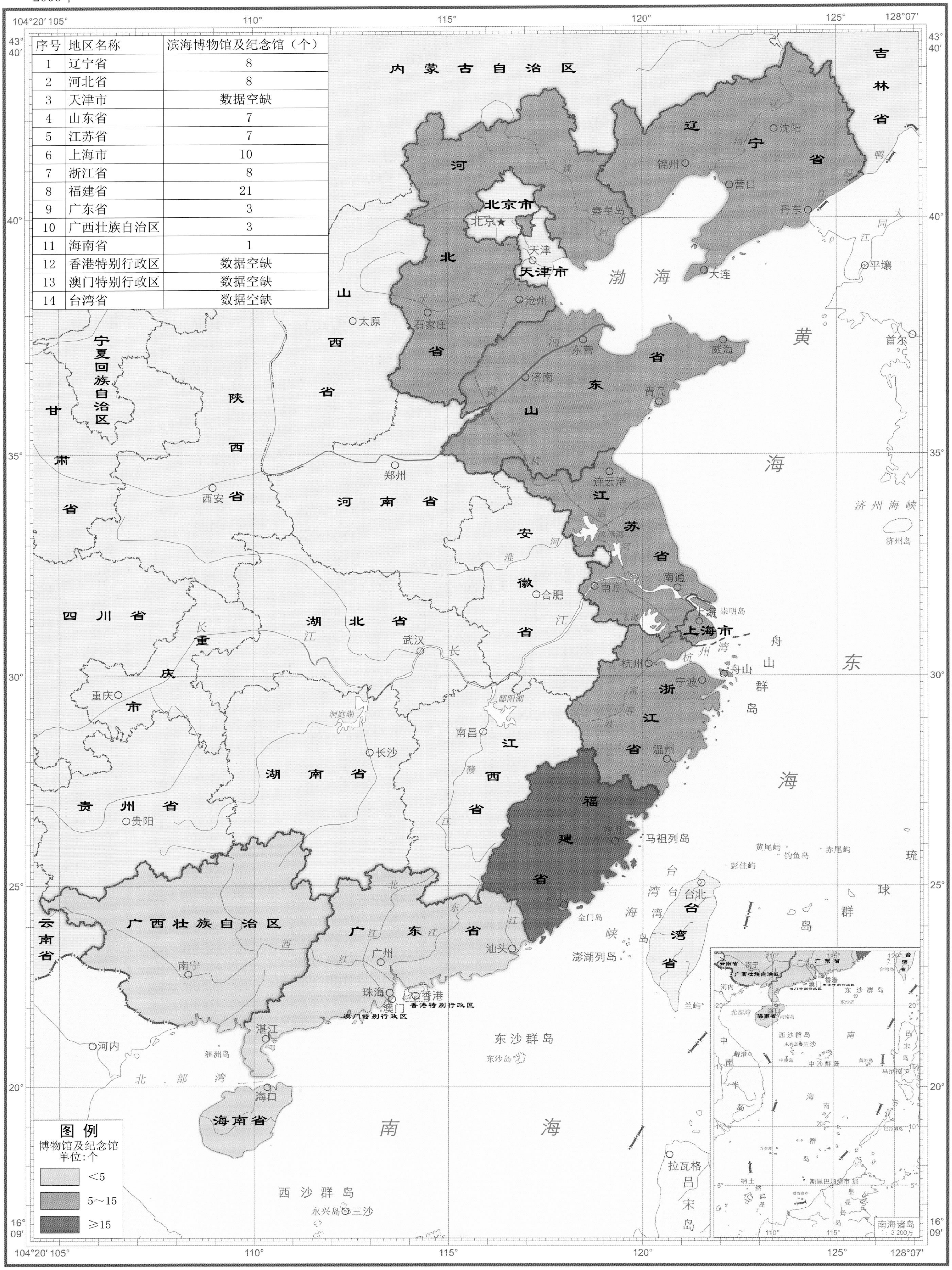

1∶10 000 000（墨卡托投影 基准纬线30°）

沿海地区主要海滨博物馆及纪念馆营业收入情况图

2006年

序号	地区名称	营业收入（万元）
1	辽宁省	229.00
2	河北省	535.11
3	天津市	数据空缺
4	山东省	1 368.00
5	江苏省	81.31
6	上海市	15 567.77
7	浙江省	76.55
8	福建省	312.00
9	广东省	数据空缺
10	广西壮族自治区	642.50
11	海南省	20.00
12	香港特别行政区	数据空缺
13	澳门特别行政区	数据空缺
14	台湾省	数据空缺

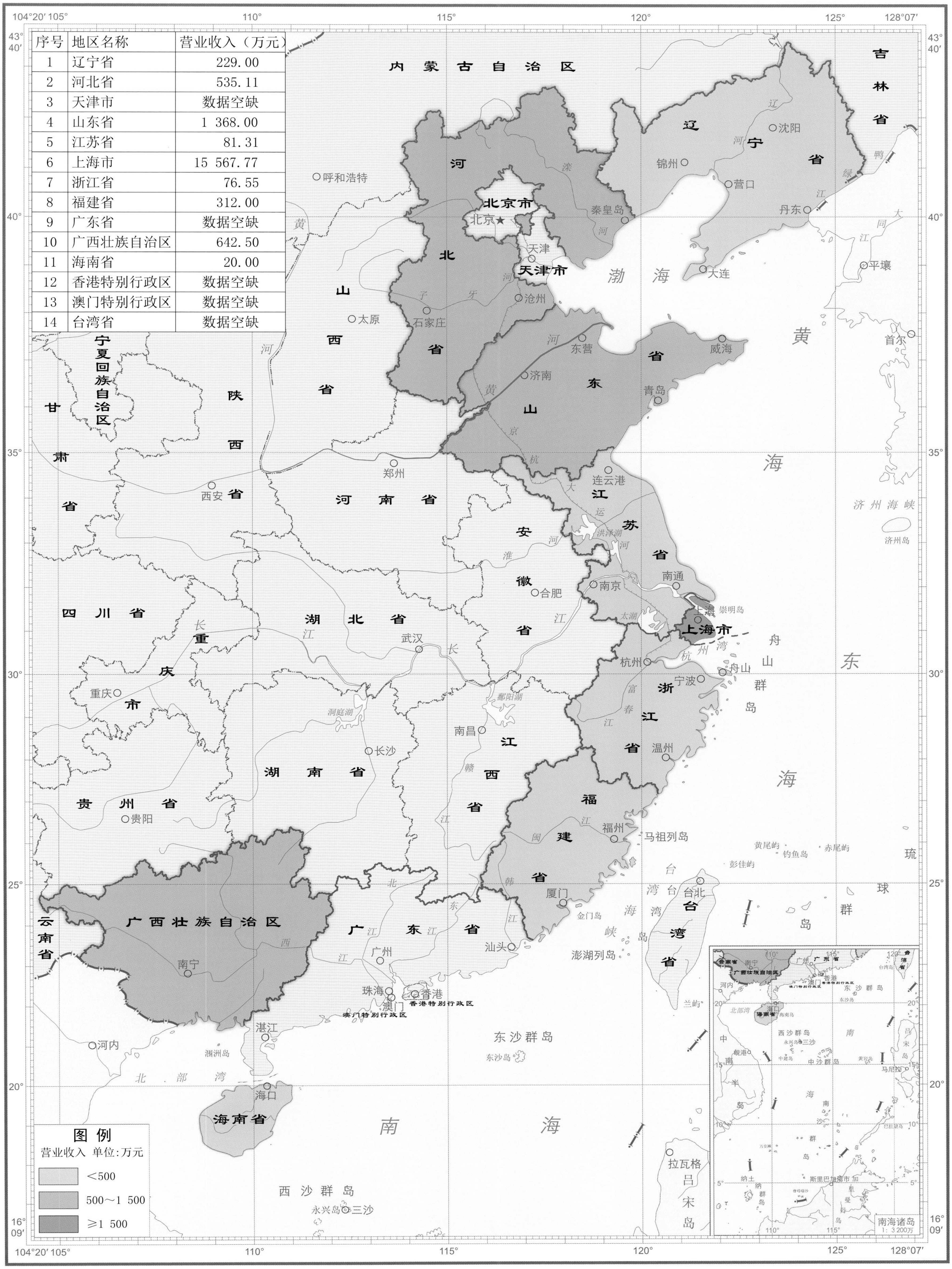

1：10 000 000（墨卡托投影 基准纬线30°）

沿海地区主要滨海博物馆及纪念馆分布图

2006年　　　　辽宁省、河北省、天津市、山东省

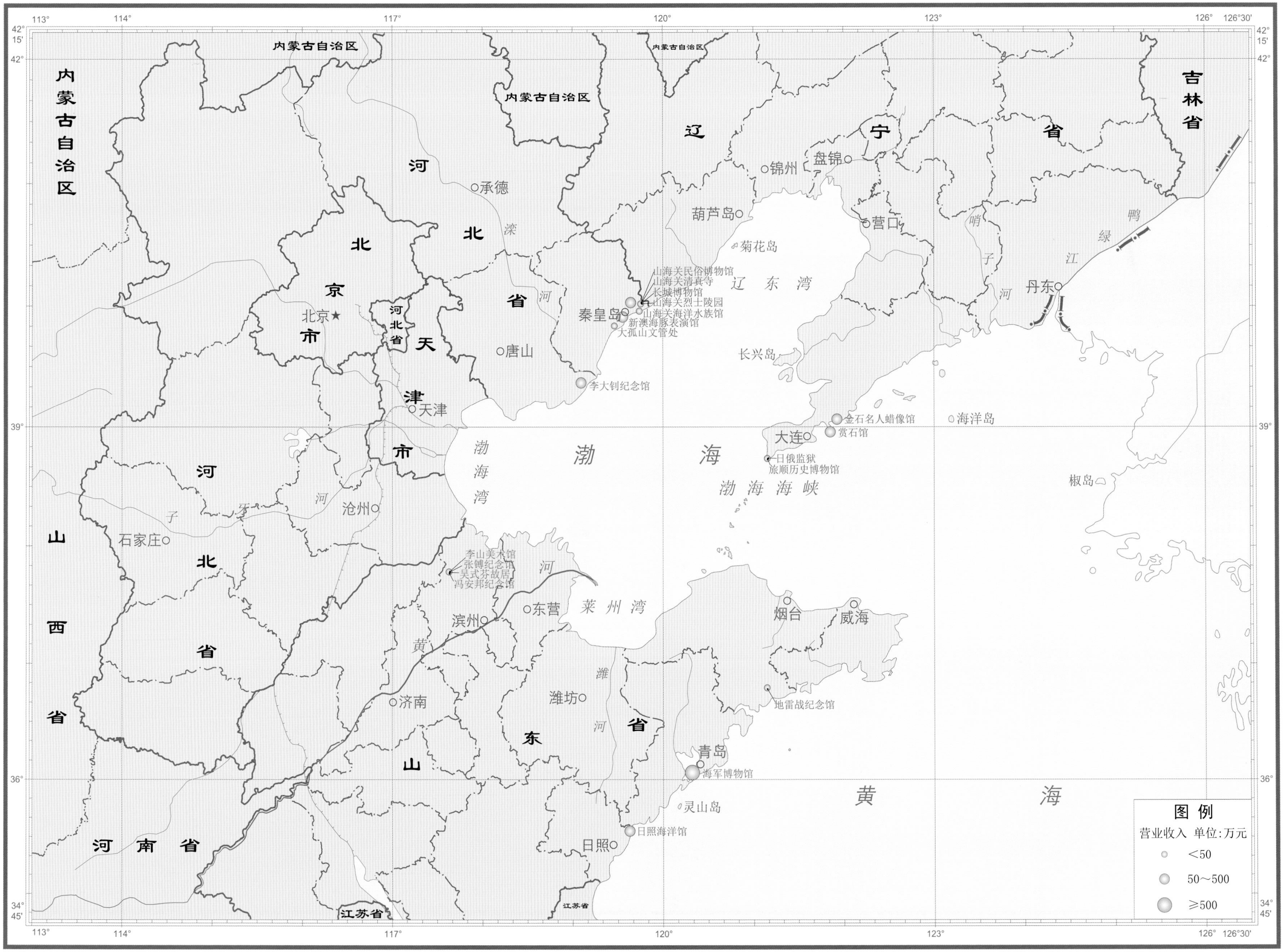
内蒙古自治区
吉林省
辽宁省
河北省
北京市
北京
天津市
天津
河北省
山东省
山西省
河南省
江苏省
承德
锦州
盘锦
营口
丹东
葫芦岛
菊花岛
辽东湾
山海关民俗博物馆
山海关清真寺
长城博物馆
山海关烈士陵园
山海关海洋水族馆
新澳海豚表演馆
大孤山文管处
秦皇岛
唐山
长兴岛
李大钊纪念馆
金石名人蜡像馆
赏石馆
海洋岛
大连
日俄监狱
旅顺历史博物馆
渤海
渤海海峡
渤海湾
椒岛
沧州
石家庄
李山美术馆
张锷纪念馆
吴式芬故居
冯安邦纪念馆
东营
滨州
莱州湾
烟台
威海
济南
潍坊
地雷战纪念馆
青岛
海军博物馆
灵山岛
日照海洋馆
日照
黄海
图例
营业收入 单位:万元
<50
50～500
≥500

1∶4 000 000 （墨卡托投影 基准纬线38°）

沿海地区主要滨海博物馆及纪念馆分布图

2006年　　　　江苏省、上海市、浙江省、福建省

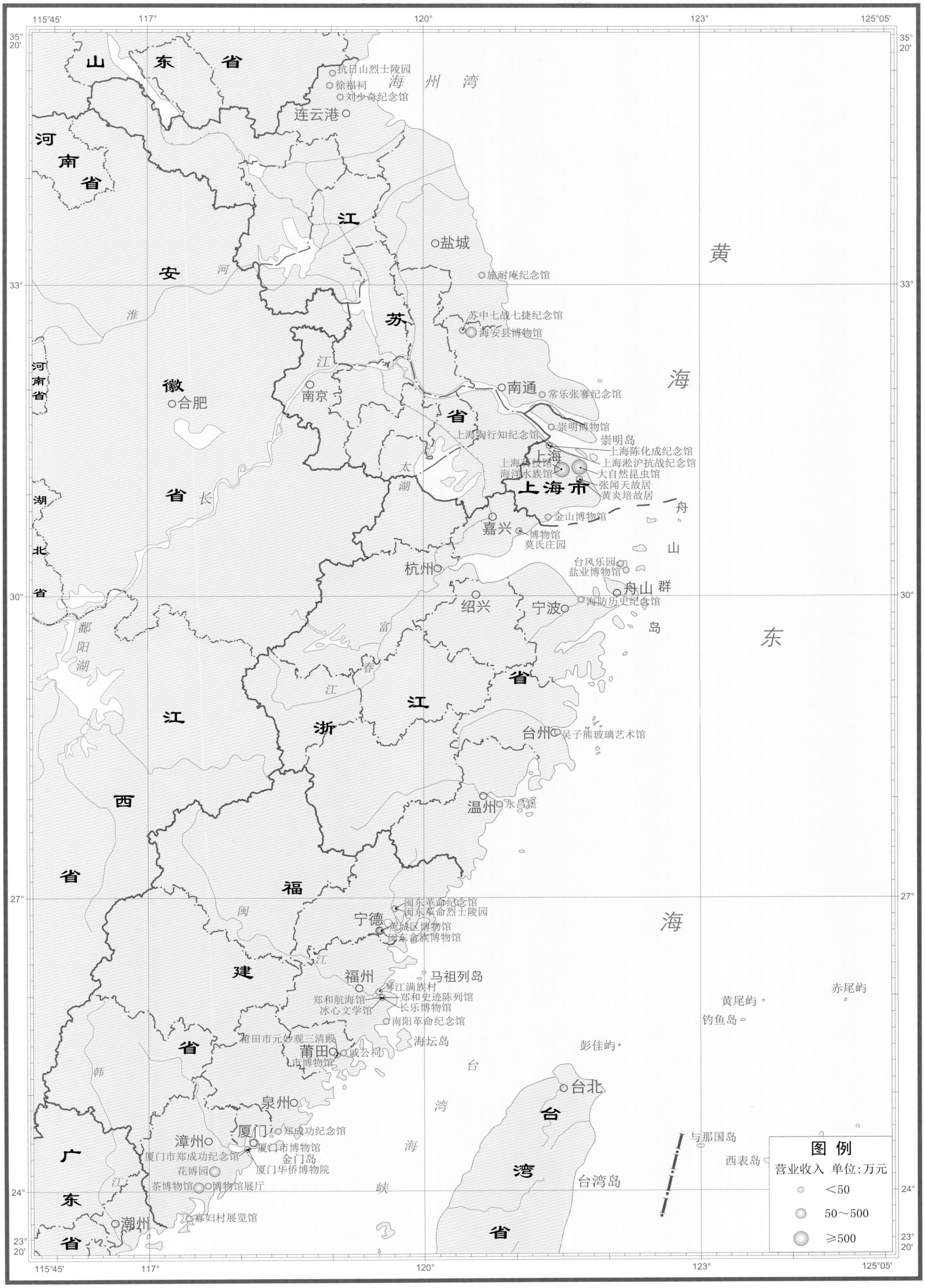

1：4 000 000（墨卡托投影 基准纬线30°）

沿海地区主要滨海博物馆及纪念馆分布图

2006年 广东省、广西壮族自治区、海南省

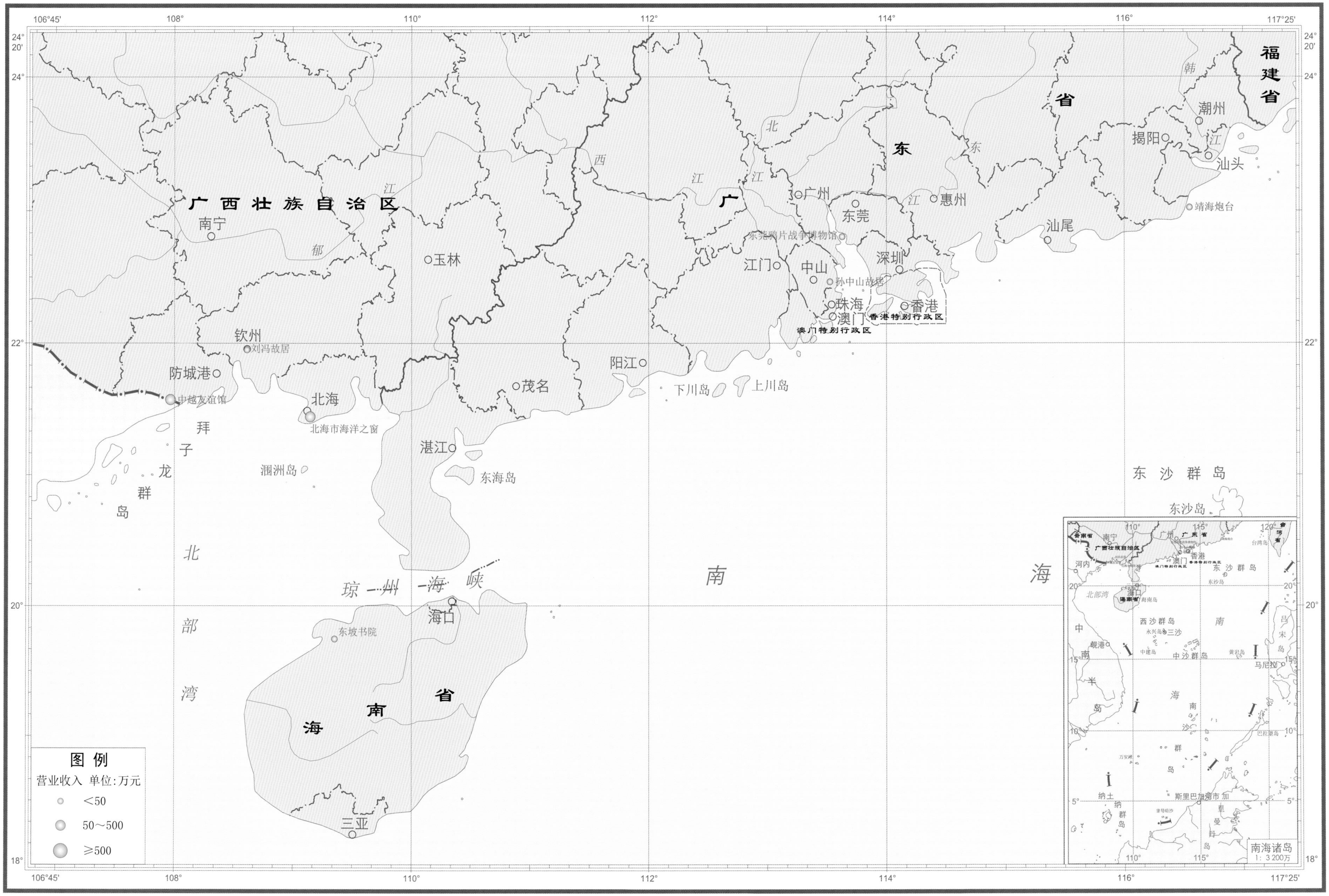
福建省
广东省
广西壮族自治区
海南省
潮州
汕头
揭阳
靖海炮台
汕尾
惠州
东莞
广州
深圳
香港
香港特别行政区
澳门
澳门特别行政区
珠海
中山
孙中山故居
东莞鸦片战争博物馆
江门
阳江
茂名
湛江
玉林
南宁
钦州
刘冯故居
防城港
中越友谊馆
北海
北海市海洋之窗
海口
东坡书院
三亚
上川岛
下川岛
东海岛
涠洲岛
东沙群岛
东沙岛
拜子龙群岛
北部湾
琼州海峡
南海
图例
营业收入 单位:万元
<50
50~500
≥500
南海诸岛
1:3 200万

1∶3 500 000（墨卡托投影 基准纬线21°）

沿海地区主要滨海公园密集程度情况图

2006年

序号	地区名称	主要滨海公园（个）
1	辽宁省	8
2	河北省	8
3	天津市	1
4	山东省	8
5	江苏省	8
6	上海市	5
7	浙江省	5
8	福建省	10
9	广东省	3
10	广西壮族自治区	数据空缺
11	海南省	1
12	香港特别行政区	数据空缺
13	澳门特别行政区	数据空缺
14	台湾省	数据空缺

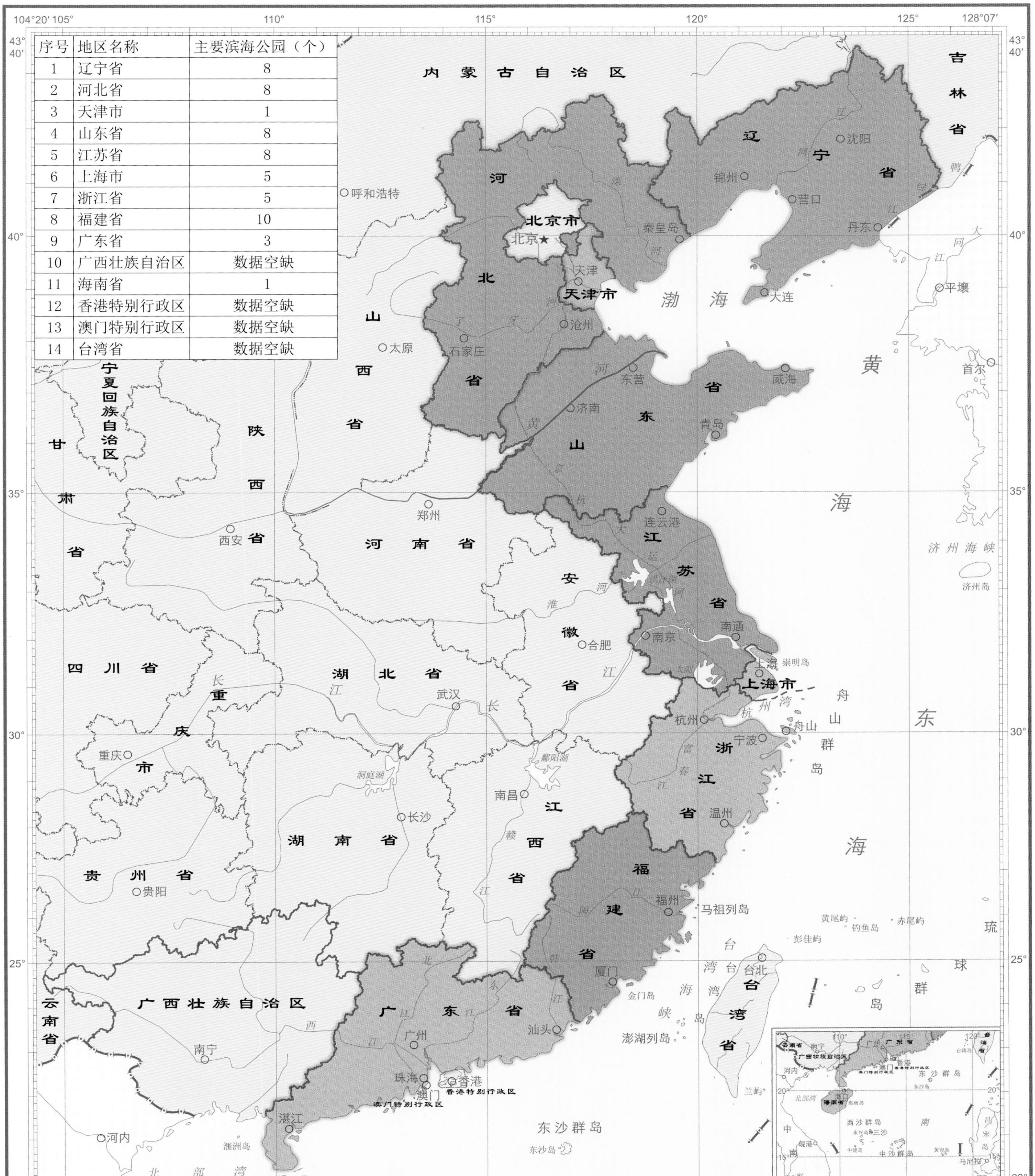

1∶10 000 000（墨卡托投影 基准纬线30°）

沿海地区主要滨海公园营业收入情况图

2006年

序号	地区名称	营业收入（万元）
1	辽宁省	560.00
2	河北省	6 028.92
3	天津市	2 847.00
4	山东省	27 902.00
5	江苏省	2 478.00
6	上海市	5 568.24
7	浙江省	80.20
8	福建省	13 561.00
9	广东省	数据空缺
10	广西壮族自治区	数据空缺
11	海南省	3.00
12	香港特别行政区	数据空缺
13	澳门特别行政区	数据空缺
14	台湾省	数据空缺

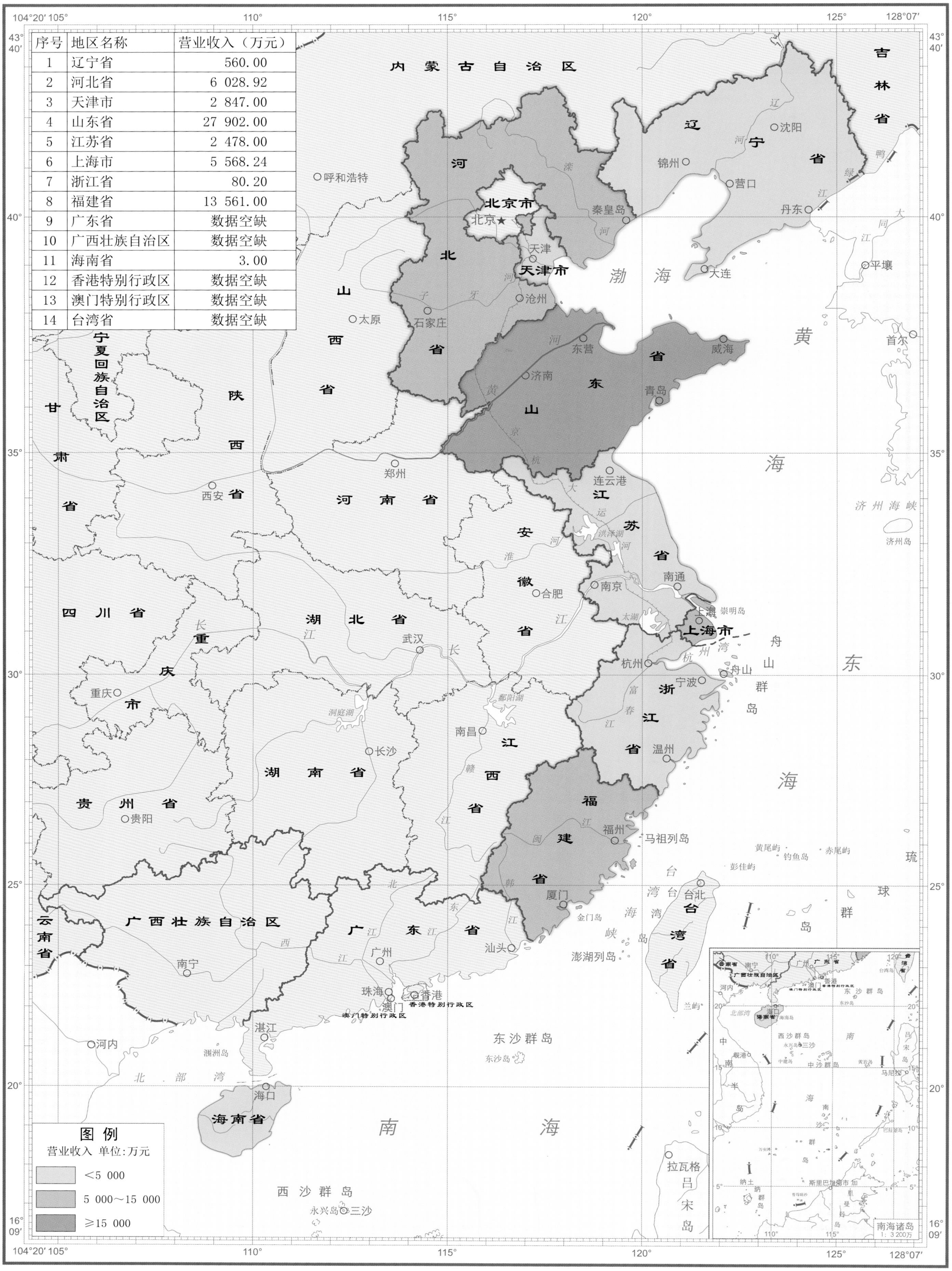

内蒙古自治区
吉林省
辽宁省
河北省
北京市
天津市
山东省
江苏省
上海市
浙江省
福建省
广东省
广西壮族自治区
海南省
台湾省
香港特别行政区
澳门特别行政区
山西省
陕西省
河南省
安徽省
湖北省
湖南省
江西省
四川省
重庆市
贵州省
云南省
甘肃省
宁夏回族自治区
渤海
黄海
东海
南海
东沙群岛
西沙群岛
南海诸岛
图例
营业收入 单位:万元
<5 000
5 000~15 000
≥15 000

1：10 000 000（墨卡托投影 基准纬线30°）

沿海地区主要滨海公园分布图

2006年

辽宁省、河北省、天津市、山东省

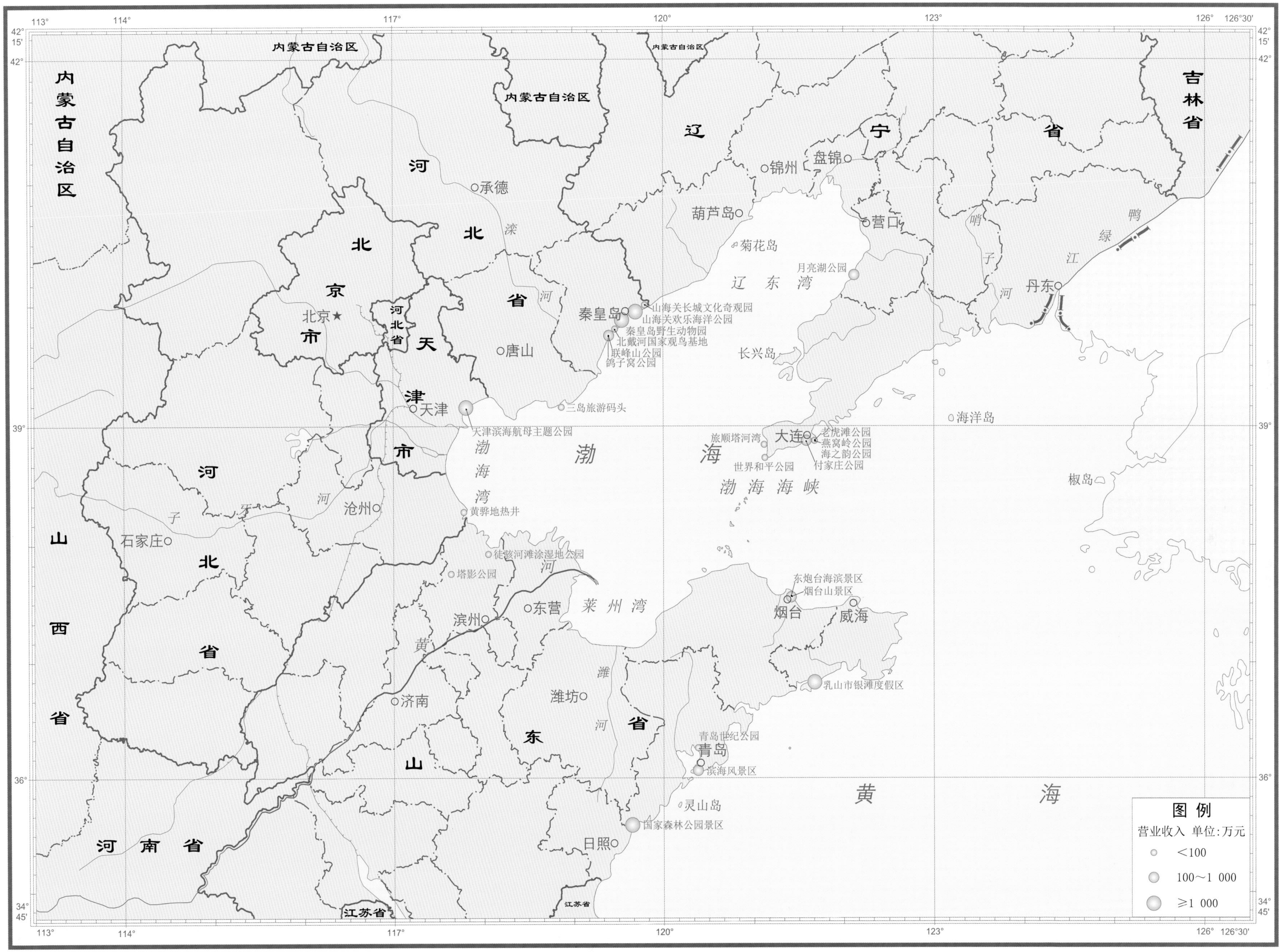
内蒙古自治区
吉林省
辽宁省
河北省
北京市
北京
天津市
天津
山西省
山东省
河南省
江苏省
承德
唐山
秦皇岛
锦州
盘锦
营口
葫芦岛
菊花岛
丹东
长兴岛
大连
海洋岛
椒岛
沧州
石家庄
济南
东营
滨州
潍坊
烟台
威海
青岛
灵山岛
日照
辽东湾
渤海
渤海湾
渤海海峡
莱州湾
黄海
鸭绿江
哨子河
滦河
子牙河
黄河
潍河
山海关长城文化奇观园
山海关欢乐海洋公园
秦皇岛野生动物园
北戴河国家观鸟基地
联峰山公园
鸽子窝公园
三岛旅游码头
天津滨海航母主题公园
黄骅地热井
徒骇河滩涂湿地公园
塔影公园
月亮湖公园
旅顺塔河湾
世界和平公园
老虎滩公园
燕窝岭公园
海之韵公园
付家庄公园
东炮台海滨景区
烟台山景区
乳山市银滩度假区
青岛世纪公园
滨海风景区
国家森林公园景区
图例
营业收入 单位:万元
<100
100～1 000
≥1 000

1∶4 000 000（墨卡托投影 基准纬线38°）

沿海地区主要滨海公园分布图

2006年

江苏省、上海市、浙江省、福建省

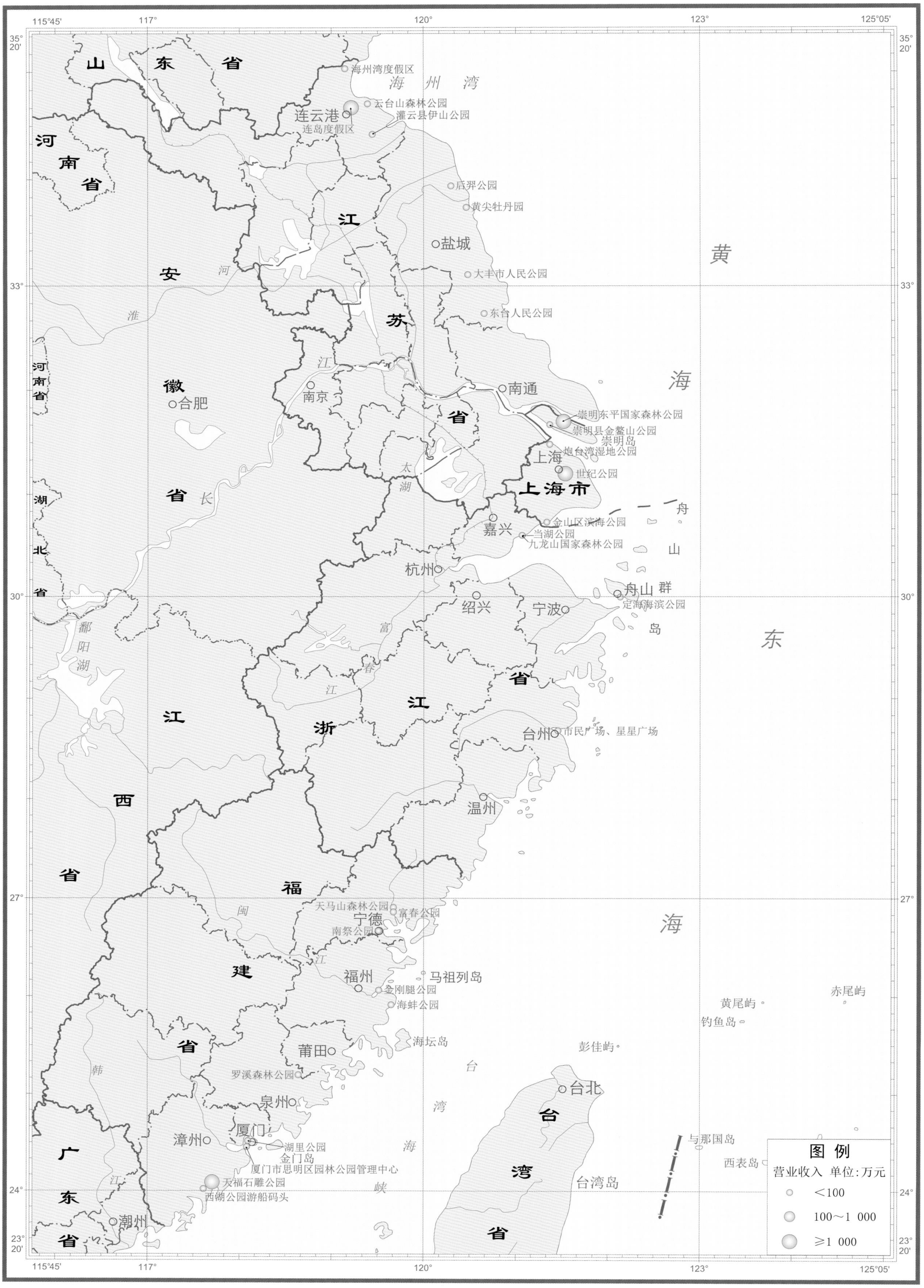

1∶4 000 000（墨卡托投影 基准纬线30°）

沿海地区主要滨海公园分布图

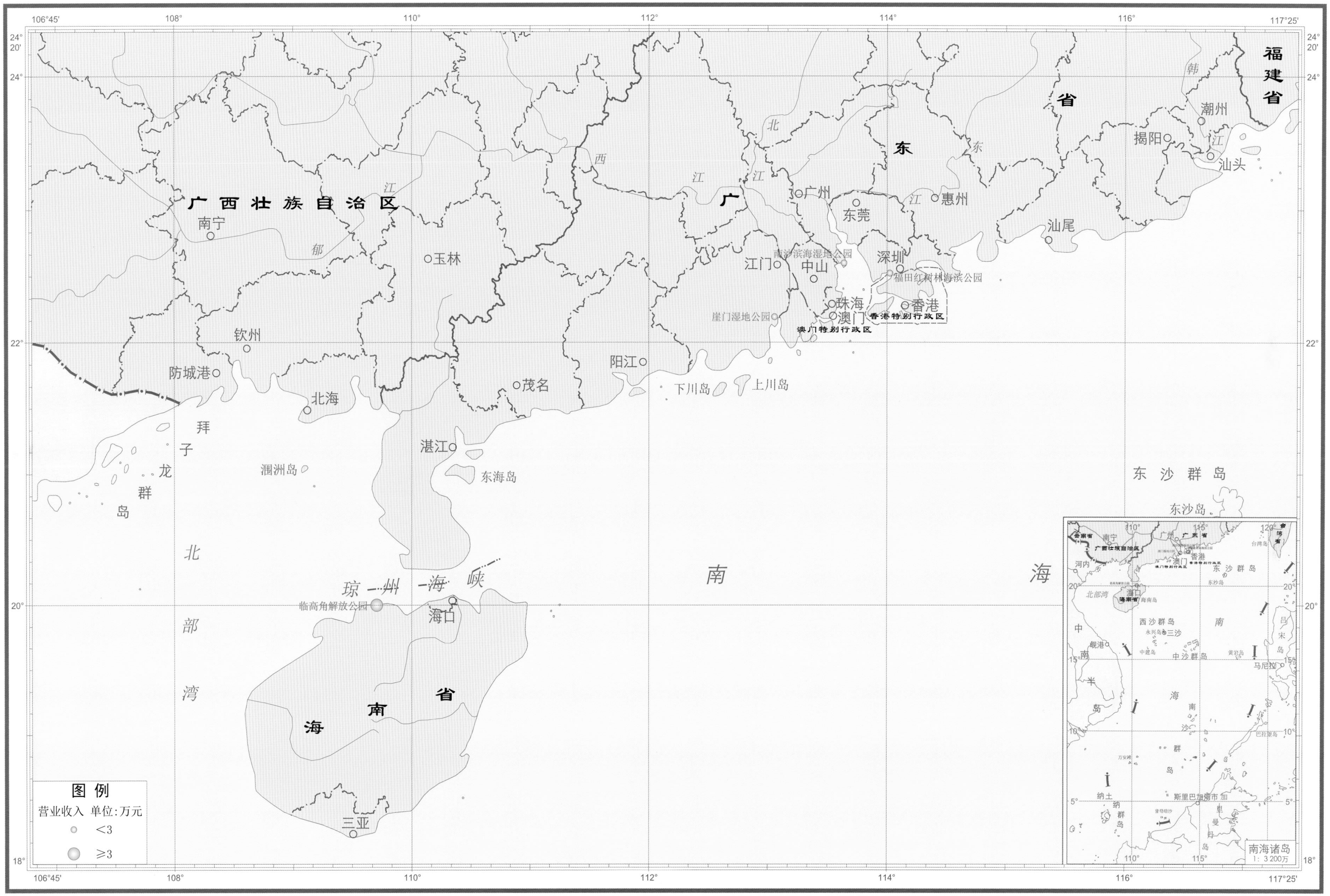
福建省
广东省
广西壮族自治区
海南省
潮州
汕头
揭阳
汕尾
惠州
深圳
东莞
广州
江门
中山
珠海
澳门
香港
香港特别行政区
澳门特别行政区
南沙滨海湿地公园
福田红树林海滨公园
崖门湿地公园
阳江
茂名
湛江
北海
钦州
防城港
南宁
玉林
海口
三亚
临高角解放公园
下川岛
上川岛
东海岛
涠洲岛
拜子龙群岛
东沙群岛
东沙岛
琼州海峡
北部湾
南海
韩江
东江
北江
西江
郁江
图例
营业收入 单位:万元
<3
≥3
南海诸岛
1：3 200万

1：3 500 000（墨卡托投影 基准纬线21°）

沿海地区主要滨海景区密集程度情况图

2006年

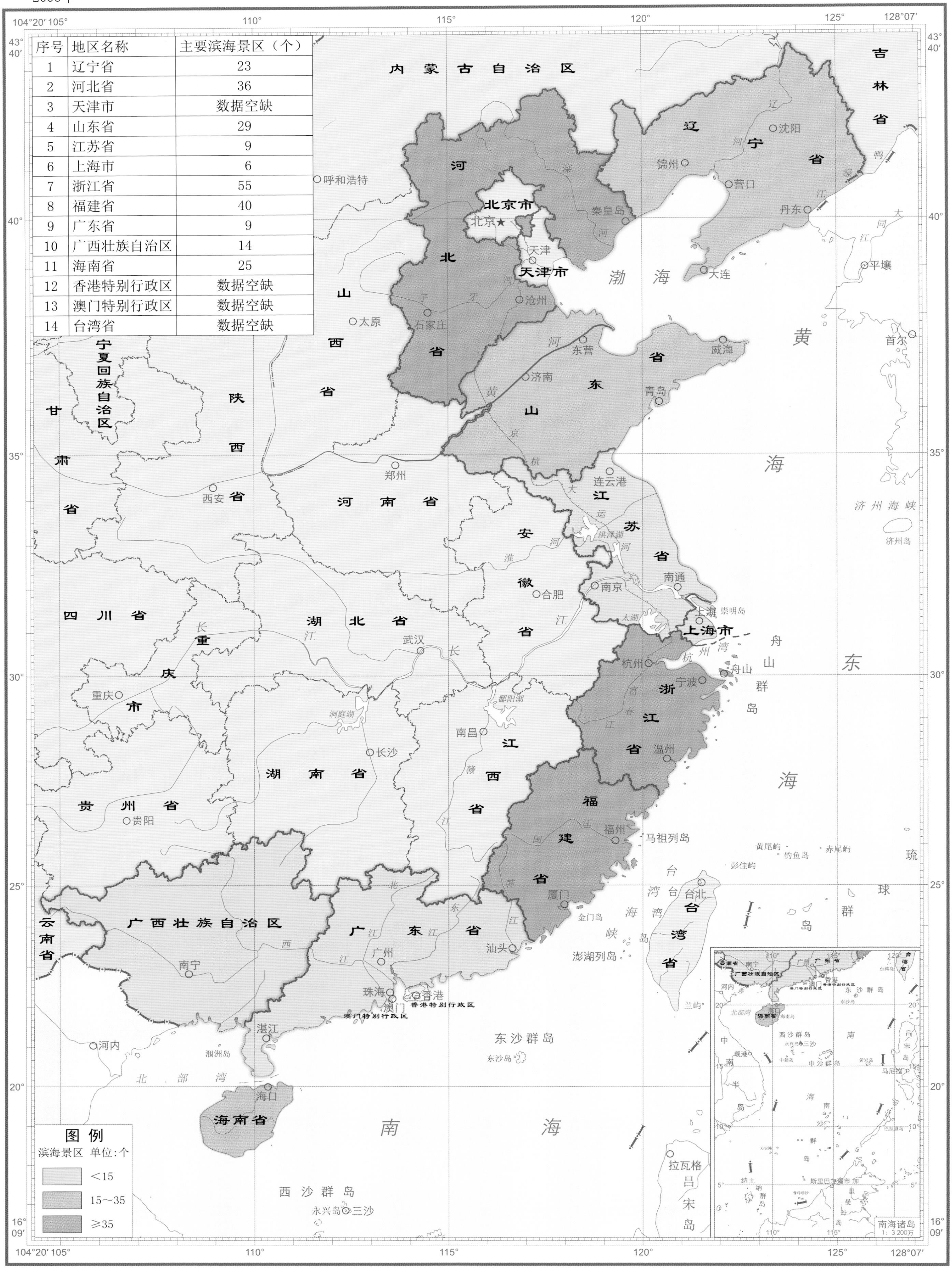

序号	地区名称	主要滨海景区（个）
1	辽宁省	23
2	河北省	36
3	天津市	数据空缺
4	山东省	29
5	江苏省	9
6	上海市	6
7	浙江省	55
8	福建省	40
9	广东省	9
10	广西壮族自治区	14
11	海南省	25
12	香港特别行政区	数据空缺
13	澳门特别行政区	数据空缺
14	台湾省	数据空缺

1：10 000 000（墨卡托投影 基准纬线30°）

沿海地区主要滨海景区营业收入情况图

2006年

序号	地区名称	营业收入（万元）
1	辽宁省	633.00
2	河北省	10 406.59
3	天津市	数据空缺
4	山东省	53 015.00
5	江苏省	328.00
6	上海市	673.13
7	浙江省	262 070.14
8	福建省	7 414 257.00
9	广东省	数据空缺
10	广西壮族自治区	14 585.10
11	海南省	70 470.89
12	香港特别行政区	数据空缺
13	澳门特别行政区	数据空缺
14	台湾省	数据空缺

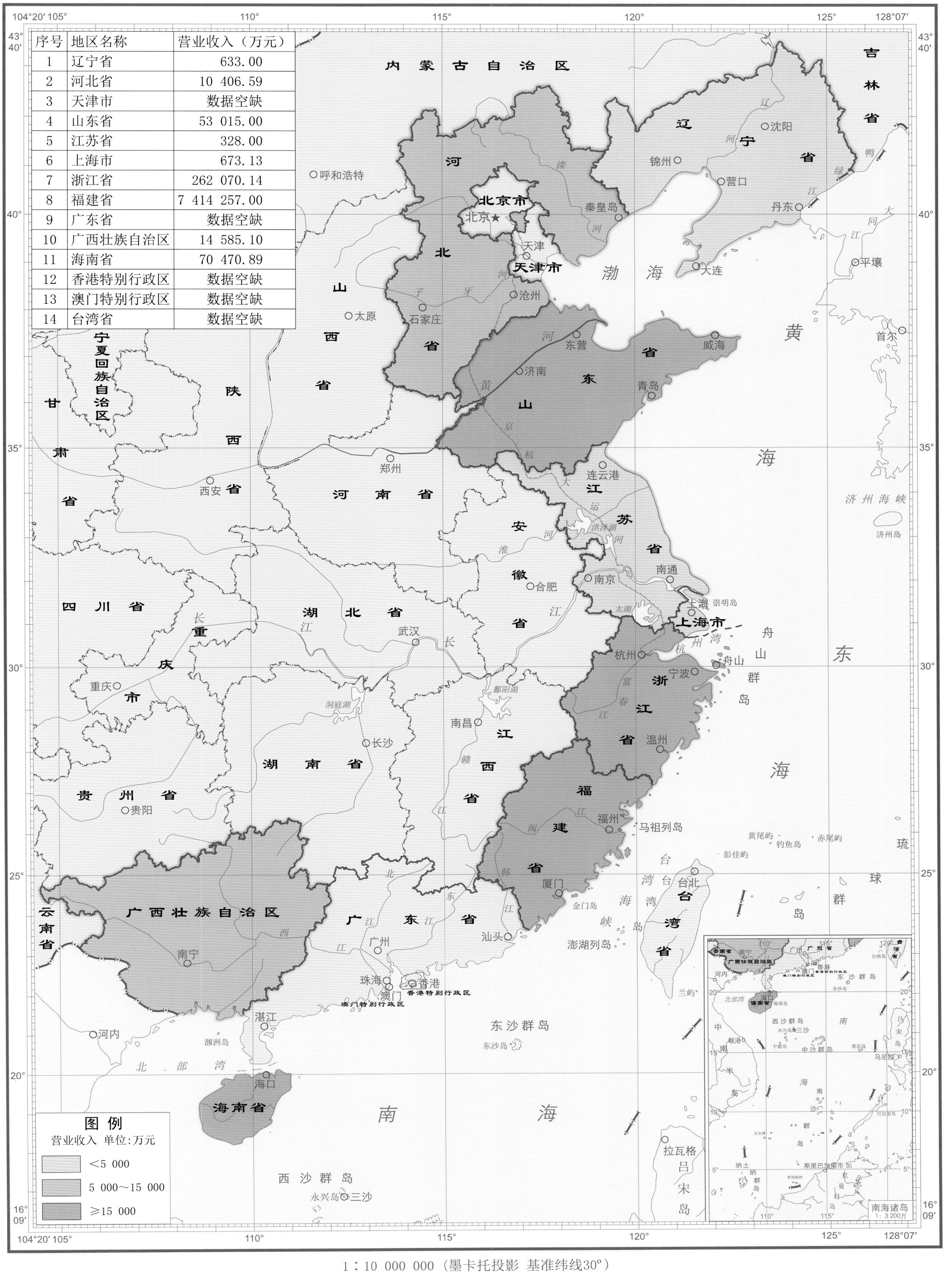
图例
营业收入 单位:万元
<5 000
5 000～15 000
≥15 000
内蒙古自治区
吉林省
辽宁省
河北省
北京市
天津市
山西省
山东省
江苏省
上海市
浙江省
福建省
广东省
广西壮族自治区
海南省
台湾省
渤海
黄海
东海
南海
南海诸岛
1：3 200万

1：10 000 000（墨卡托投影 基准纬线30°）

沿海地区主要滨海景区分布图

2006年

辽宁省、河北省、天津市、山东省

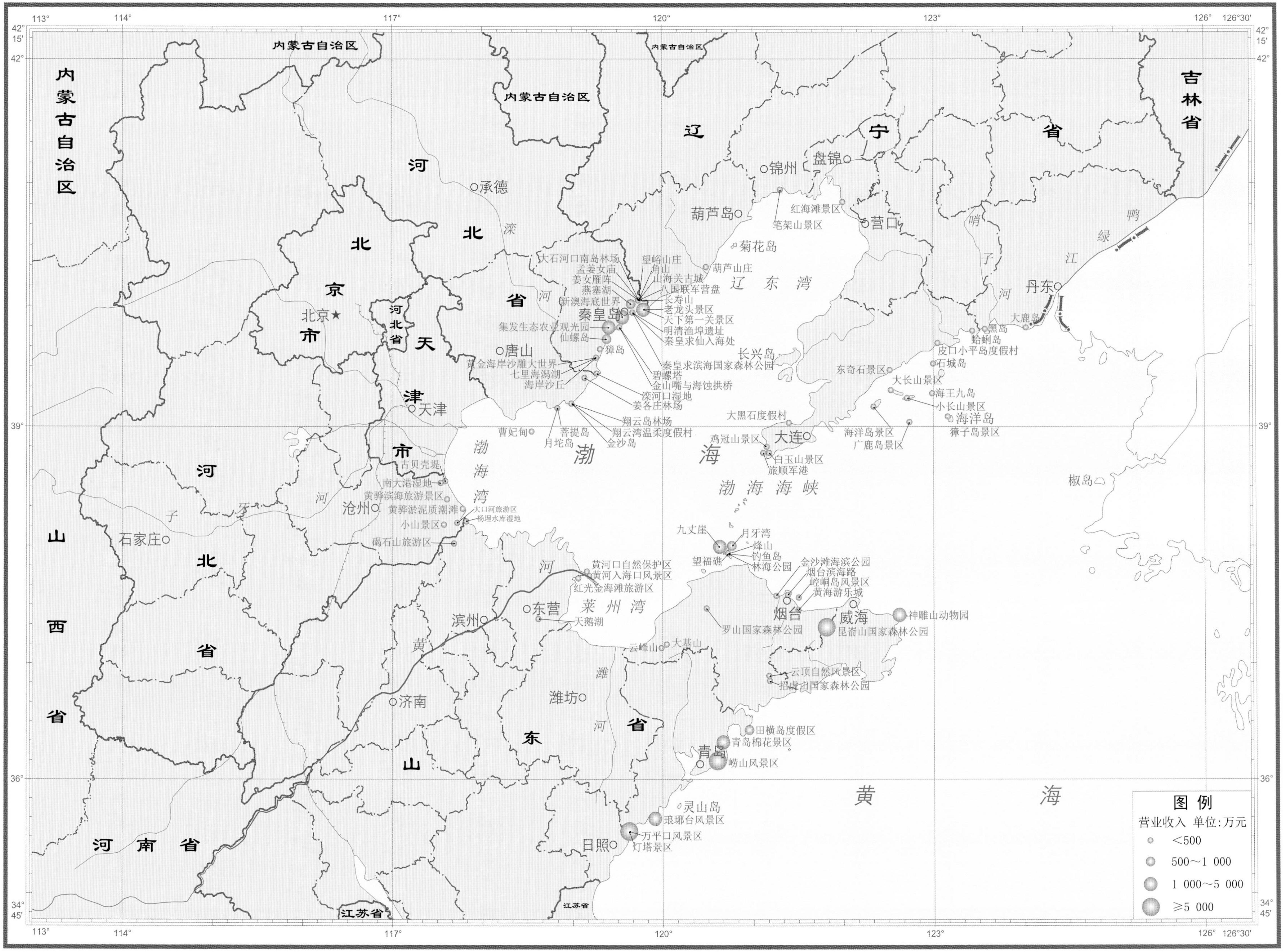

1∶4 000 000 （墨卡托投影 基准纬线38°）

沿海地区主要滨海景区分布图

2006年

江苏省、上海市、浙江省、福建省

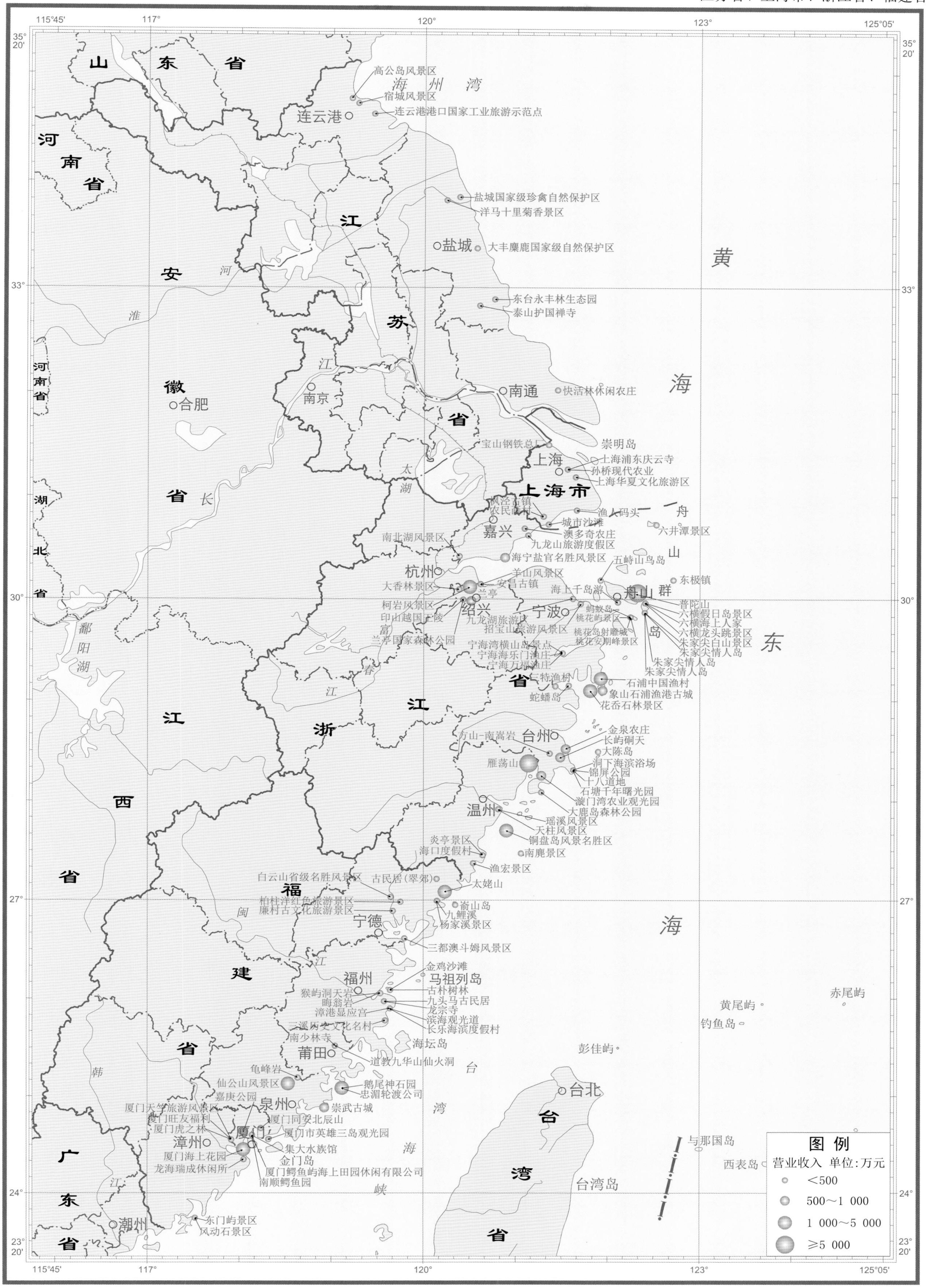

1：4 000 000（墨卡托投影 基准纬线30°）

沿海地区主要滨海景区分布图

2006年

广东省、广西壮族自治区、海南省

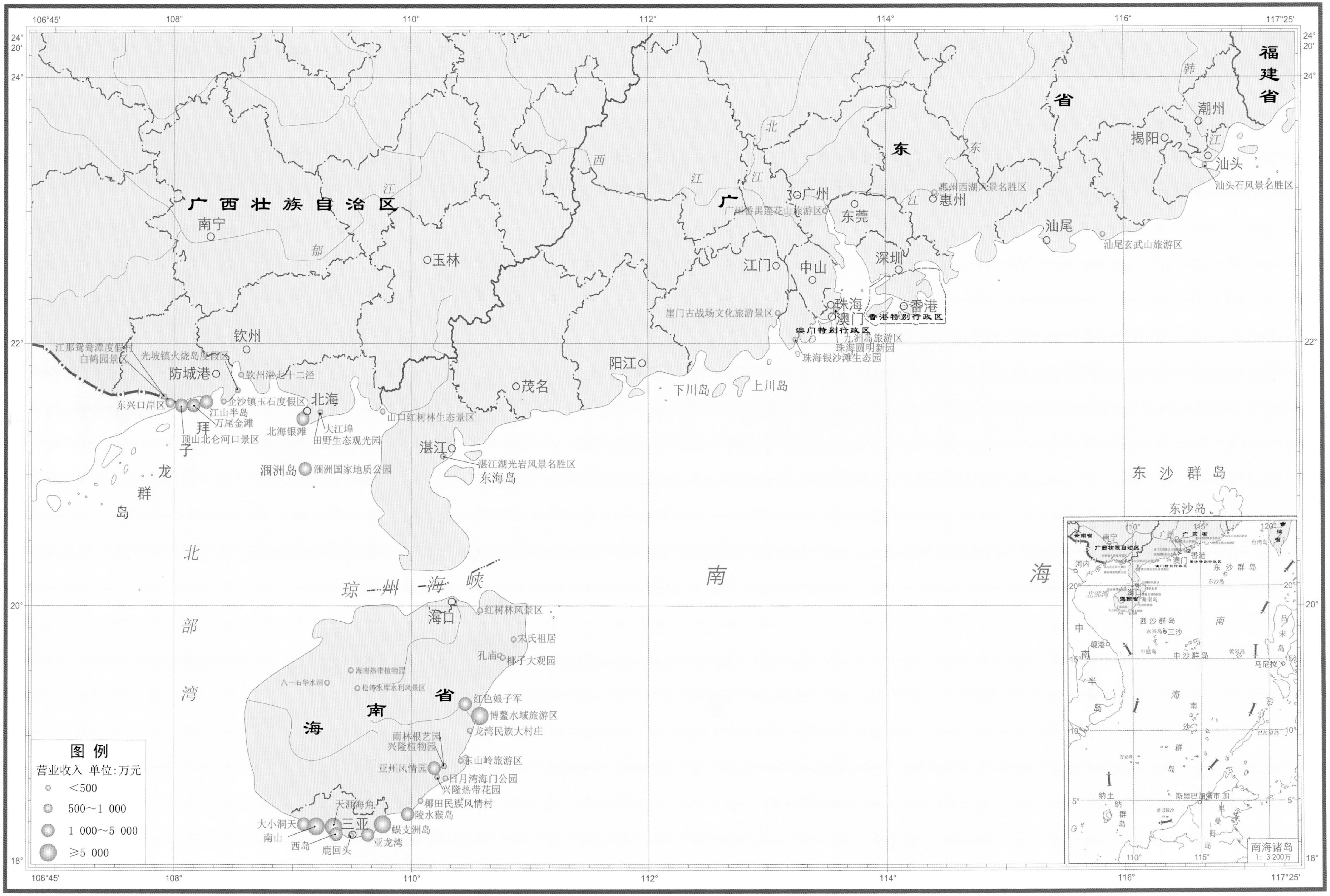
福建省
广东省
广西壮族自治区
海南省
潮州
揭阳
汕头
汕头石风景名胜区
汕尾
汕尾玄武山旅游区
惠州
惠州西湖风景名胜区
广州
广州番禺莲花山旅游区
东莞
深圳
香港
香港特别行政区
中山
江门
珠海
澳门
澳门特别行政区
九洲岛旅游区
珠海圆明新园
珠海银沙滩生态园
崖门古战场文化旅游景区
阳江
下川岛
上川岛
茂名
湛江
湛江湖光岩风景名胜区
东海岛
山口红树林生态景区
玉林
南宁
钦州
钦州港七十二泾
防城港
江那鸳鸯潭度假村
白鹤园景区
光坡镇火烧岛度假区
东兴口岸区
企沙镇玉石度假区
江山半岛
万尾金滩
顶山北仑河口景区
北海
北海银滩
大江埠
田野生态观光园
涠洲岛
涠洲国家地质公园
白龙群岛
北部湾
琼州海峡
南海
东沙群岛
东沙岛
海口
红树林风景区
宋氏祖居
孔庙
椰子大观园
海南热带植物园
松涛水库水利风景区
八一石华水洞
红色娘子军
博鳌水域旅游区
龙湾民族大村庄
雨林根艺园
兴隆植物园
东山岭旅游区
亚州风情园
日月湾海门公园
兴隆热带花园
椰田民族风情村
陵水猴岛
天涯海角
大小洞天
三亚
蜈支洲岛
南山
西岛
鹿回头
亚龙湾
图例
营业收入 单位：万元
＜500
500～1 000
1 000～5 000
≥5 000
南海诸岛
1：3 200万
西沙群岛
中沙群岛
永兴岛
三沙
黄岩岛
马尼拉
斯里巴加湾市
河内
北部湾
南沙群岛
106°45′
108°
110°
112°
114°
116°
117°25′
24°20′
24°
22°
20°
18°

1：3 500 000（墨卡托投影 基准纬线21°）

沿海地区主要滨海旅游场所密集程度情况图

2006年

序号	地区名称	主要滨海旅游场所（个）
1	辽宁省	7
2	河北省	11
3	天津市	1
4	山东省	11
5	江苏省	5
6	上海市	13
7	浙江省	11
8	福建省	27
9	广东省	9
10	广西壮族自治区	5
11	海南省	2
12	香港特别行政区	数据空缺
13	澳门特别行政区	数据空缺
14	台湾省	数据空缺

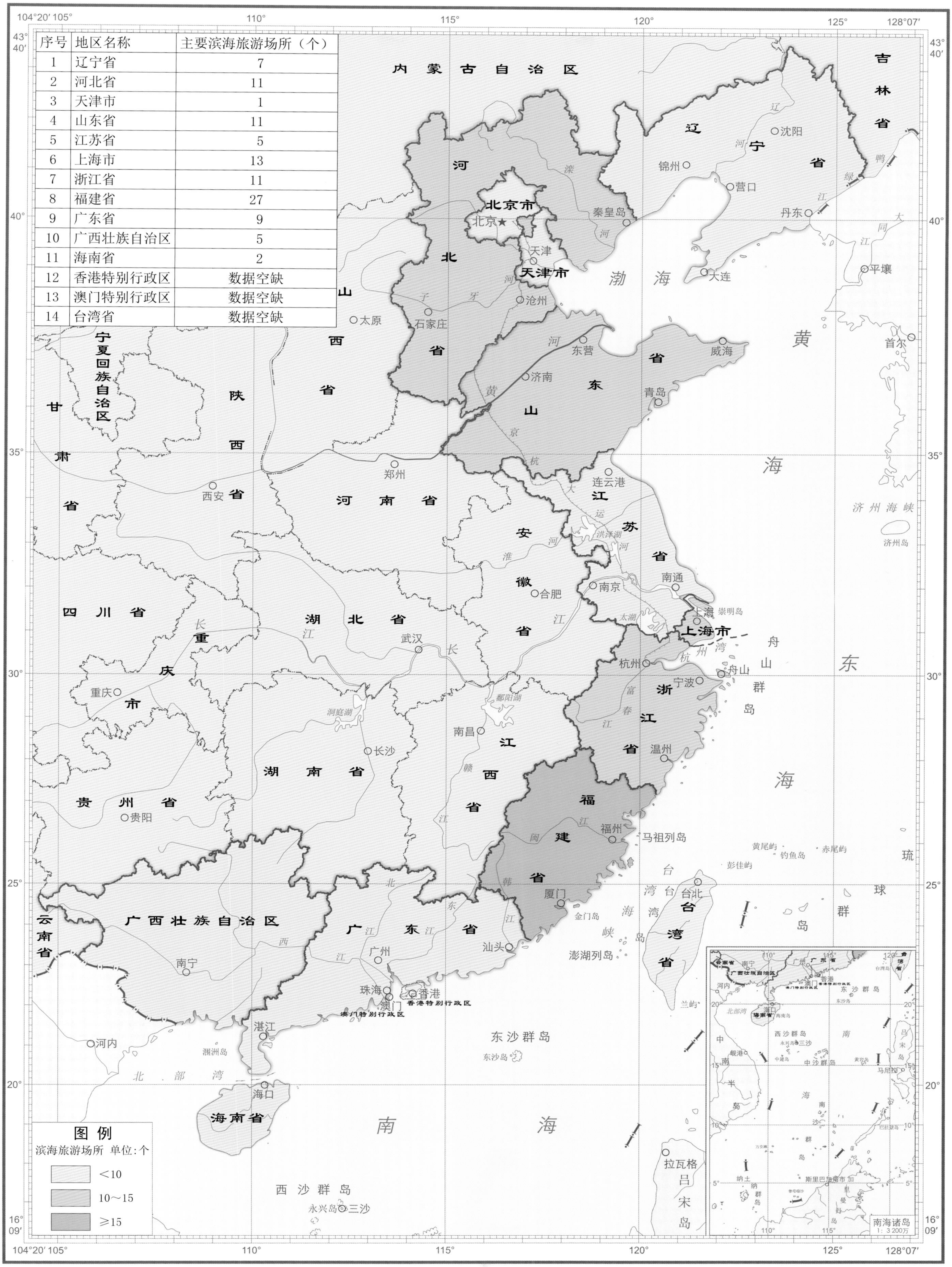

1：10 000 000（墨卡托投影 基准纬线30°）

沿海地区主要滨海旅游场所营业收入情况图

2006年

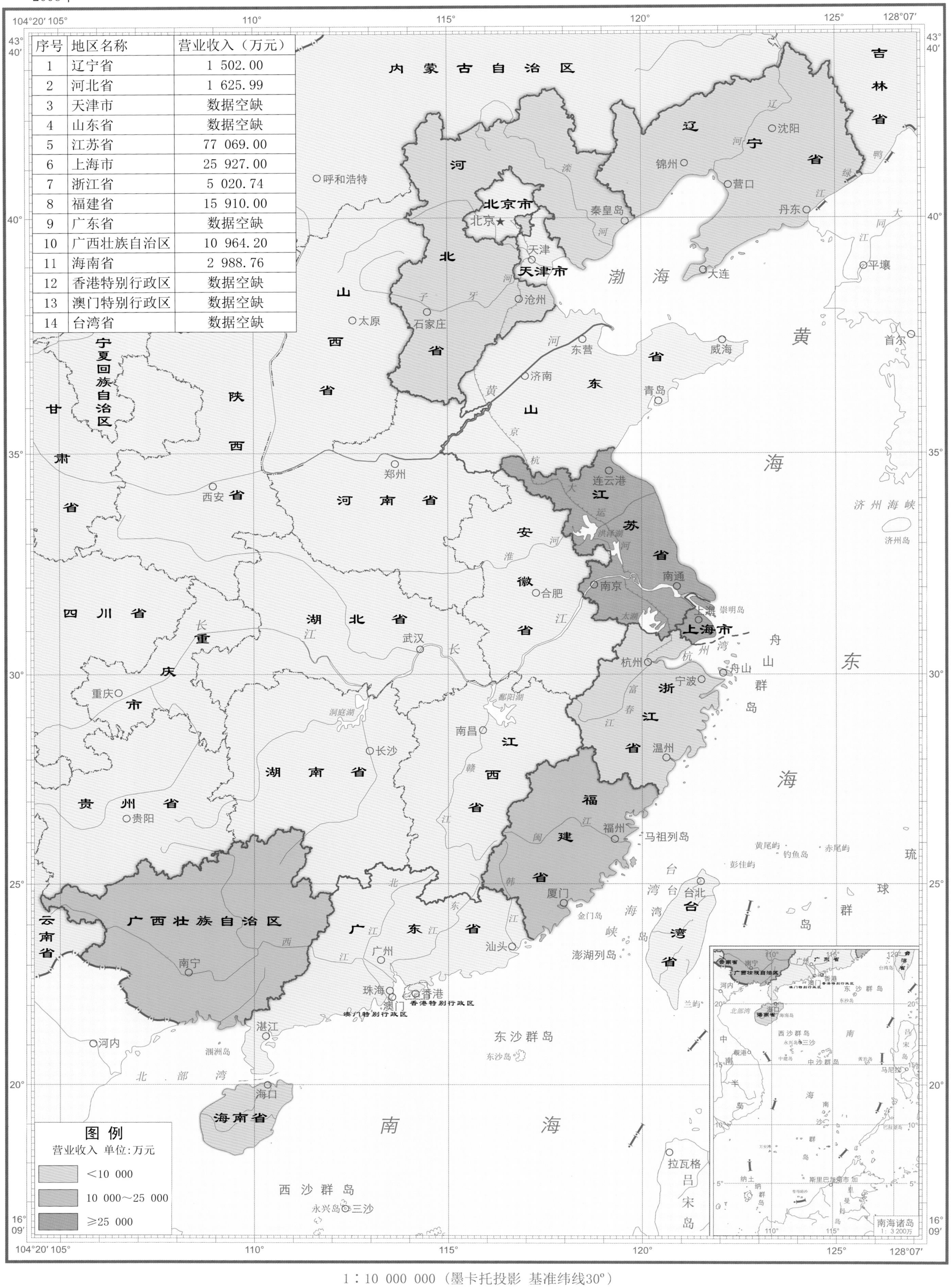

图 例
营业收入 单位:万元
<10 000
10 000～25 000
≥25 000
内蒙古自治区
吉林省
辽宁省
河北省
北京市
天津市
山西省
山东省
宁夏回族自治区
甘肃省
陕西省
河南省
江苏省
安徽省
上海市
四川省
湖北省
重庆市
浙江省
湖南省
江西省
贵州省
福建省
广西壮族自治区
广东省
云南省
台湾省
海南省
香港特别行政区
澳门特别行政区
渤海
黄海
东海
南海
济州海峡
台湾海峡
北部湾
舟山群岛
东沙群岛
西沙群岛
琉球群岛
吕宋岛
南海诸岛

序号	地区名称	营业收入（万元）
1	辽宁省	1 502.00
2	河北省	1 625.99
3	天津市	数据空缺
4	山东省	数据空缺
5	江苏省	77 069.00
6	上海市	25 927.00
7	浙江省	5 020.74
8	福建省	15 910.00
9	广东省	数据空缺
10	广西壮族自治区	10 964.20
11	海南省	2 988.76
12	香港特别行政区	数据空缺
13	澳门特别行政区	数据空缺
14	台湾省	数据空缺

1∶10 000 000（墨卡托投影 基准纬线30°）

沿海地区主要滨海旅游场所分布图

2006年

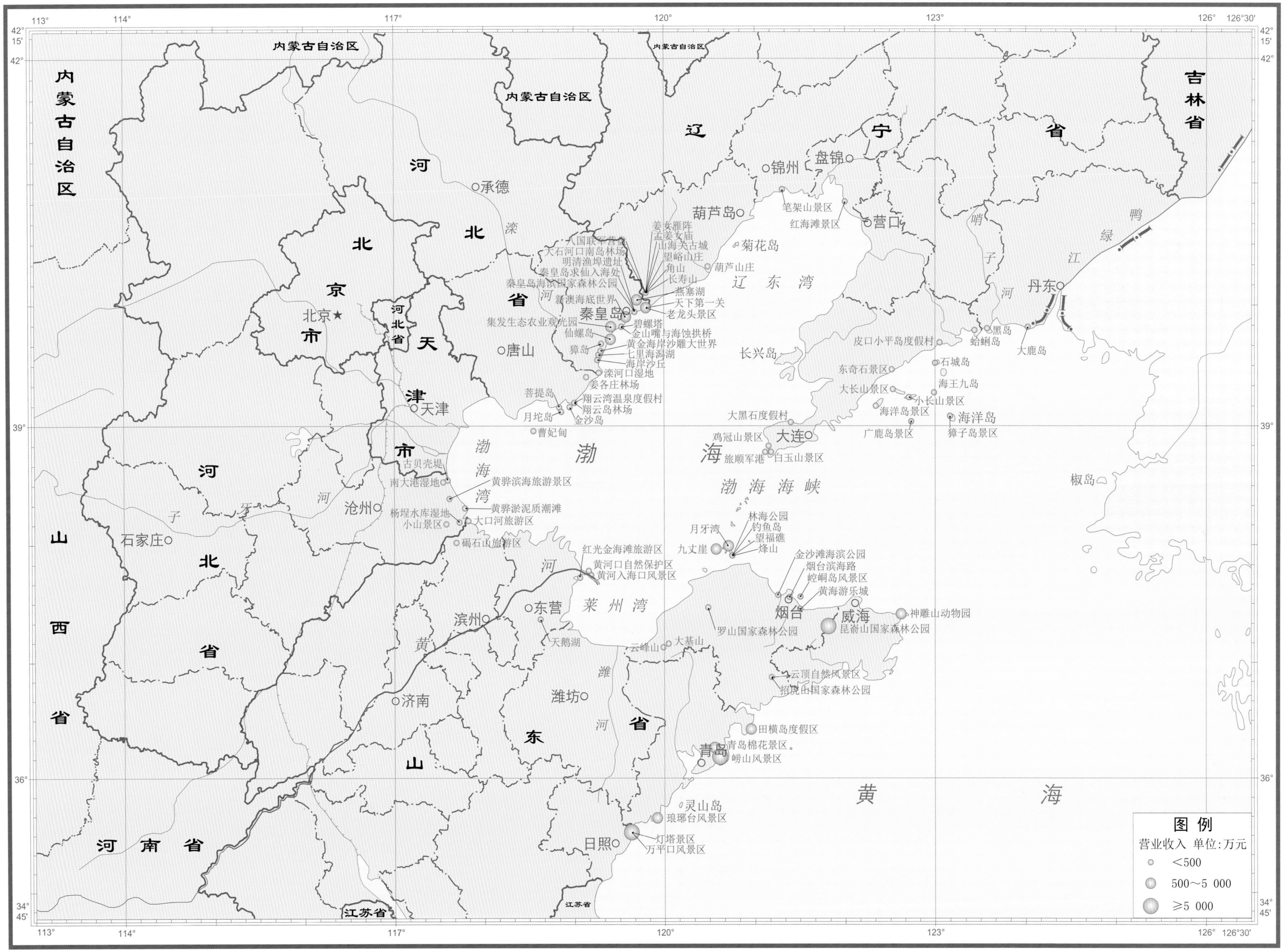

1：4 000 000 （墨卡托投影 基准纬线38°）

沿海地区主要滨海旅游场分布图

2006年

江苏省、上海市、浙江省、福建省

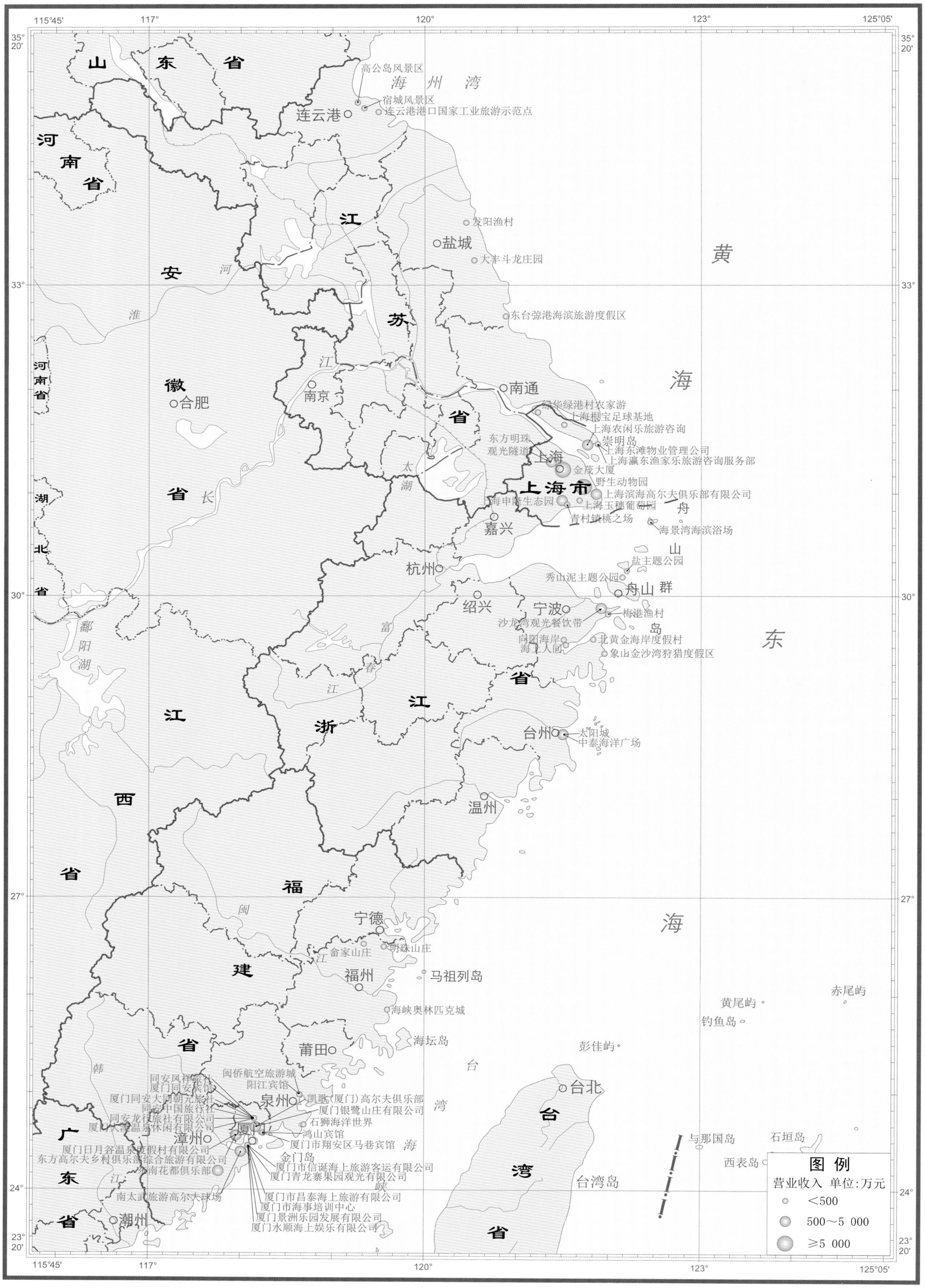

1∶4 000 000（墨卡托投影 基准纬线30°）

沿海地区主要滨海旅游场所分布图

2006年

广东省、广西壮族自治区、海南省

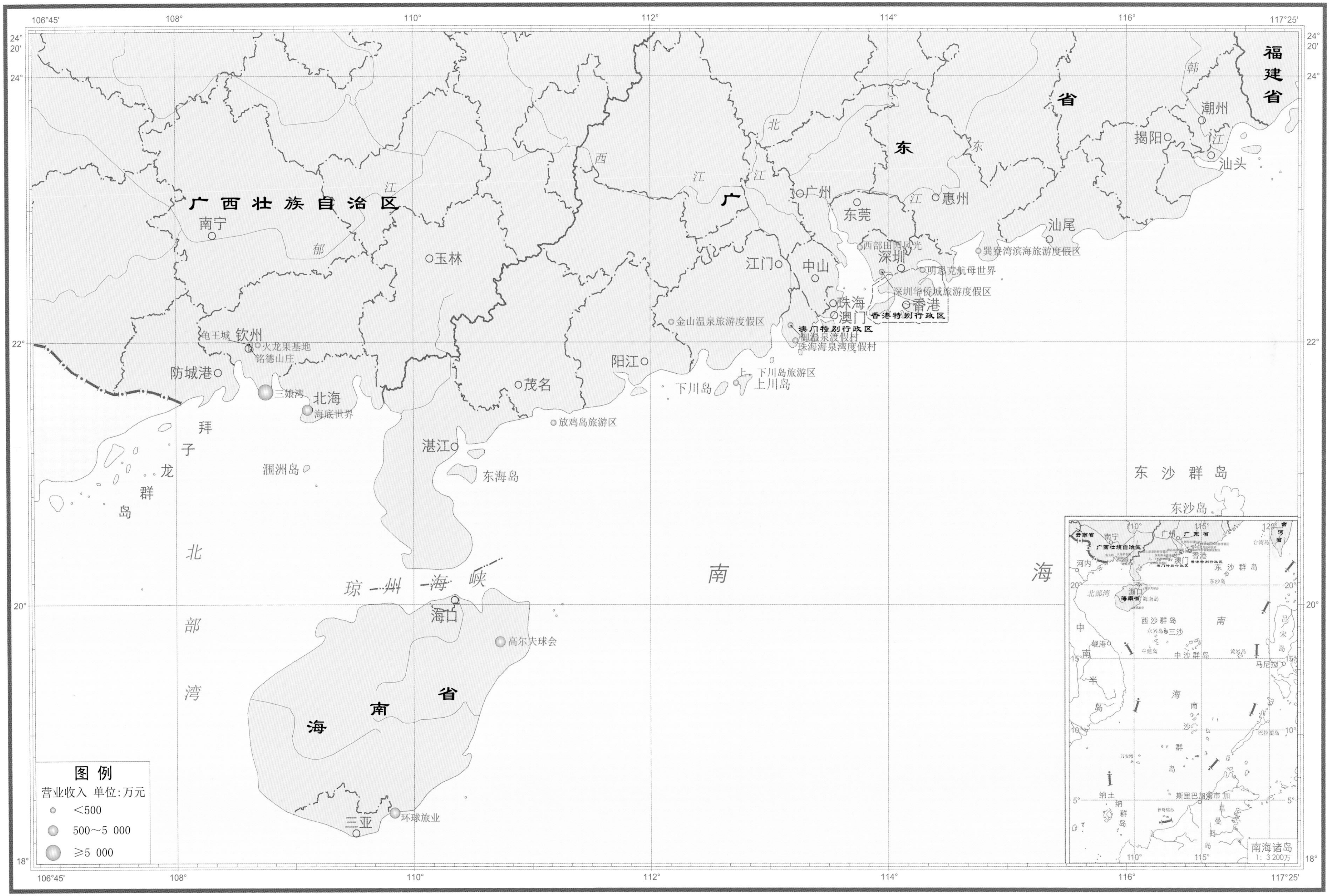
福建省
广东省
广西壮族自治区
海南省
潮州
揭阳
汕头
汕尾
惠州
东莞
广州
深圳
香港
珠海
澳门
中山
江门
阳江
茂名
湛江
南宁
玉林
钦州
防城港
北海
海口
三亚
香港特别行政区
澳门特别行政区
巽寮湾滨海旅游度假区
明思克航母世界
深圳华侨城旅游度假区
西部田园风光
御温泉渡假村
珠海海泉湾度假村
金山温泉旅游度假区
上、下川岛旅游区
上川岛
下川岛
放鸡岛旅游区
东海岛
涠洲岛
海底世界
三娘湾
火龙果基地
铭德山庄
龟王城
高尔夫球会
环球旅业
拜子龙群岛
琼州海峡
北部湾
南海
东沙群岛
东沙岛
韩江
东江
北江
西江
郁江
南海诸岛
1：3 200万
图例
营业收入 单位:万元
<500
500～5 000
≥5 000

1：3 500 000（墨卡托投影 基准纬线21°）